狂熱咖啡師
咖啡萃取概念與技術
Coffee Extraction Method

瑞昇文化

CONTENTS

閱讀這本書之前／本書閱讀方式 ·············· 006

人氣咖啡店・烘豆工坊的
咖啡萃取概念與萃取方法 ·············· 007

[愛知・名古屋]

01 TRUNK COFFEE 🥣 ·············· 008
トランクコーヒー

[京都・烏丸]

02 Okaffe kyoto 🥣 ·············· 012
オカフェキョウト

[千葉・船橋]

03 Philocoffea 201 🥣🥣▯▯ ·············· 016
フィロコフィア

[福岡・福岡]

04 SHIROUZU COFFEE 港店 ▯▯ ·············· 026
シロウズコーヒー

[東京・墨田区]

05 UNLIMITED COFFEE BAR TOKYO 🥣🥣 ·············· 032
アンリミテッド コーヒーバー トウキョウ

[愛知・名古屋]

06 Q.O.L. COFFEE 🥣▯ ·············· 038
キューオーエルコーヒー

[東京・富ヶ谷]

07 THE COFFEESHOP ▯▯▯ ·············· 044
ザ コーヒーショップ

[愛知・名古屋]

08 manabu-coffee ──────────── 052
マナブコーヒー

[東京・銀座]

09 GINZA BAR DELSOLE 2Due ──────────── 058
バール・デルソーレ

[福岡・小倉]

10 焙煎屋 森山珈琲 中津口店 ──────────── 062

[福岡・福岡]

11 REC COFFEE ──────────── 068
レックコーヒー

[東京・神保町]

12 GLITCH COFFEE&ROASTERS ──────────── 076
グリッチコーヒー＆ロースターズ

[愛知・豊田]

13 遇暖 豊田丸山店 ──────────── 080
ぐうたん

[奈良・奈良]

14 絵本とコーヒーのパビリオン ──────────── 086

[東京・渋谷]

15 私立珈琲小学校 代官山校舎 ──────────── 090

[京都・丸太町]

16 STYLE COFFEE ──────────── 096
スタイルコーヒー

CONTENTS

［ 愛知・名古屋 ］

17　double tall into café ⸻⸻⸻ 102

ダブルトール イントゥ カフェ

［ 大阪・新町 ］

18　Mel Coffee Roasters ⸻⸻⸻ 108

メルコーヒーロースターズ

［ 福岡・福岡 ］

19　綾部珈琲店 ⸻⸻⸻ 112

［ 大阪・豊中 ］

20　Cafe do BRASIL TIPOGRAFIA ⸻⸻⸻ 118

カフェド ブラジル チッポグラフィア

［ 東京・亀戸 ］

21　珈琲道場　侍 ⸻⸻⸻ 122

［ 東京・丸の内 ］

22　SAZA COFFEE KITTE 丸の内店 ⸻⸻⸻ 128

サザコーヒー

［ 京都・上京区 ］

23　FACTORY KAFE 工船 ⸻⸻⸻ 134

［ 福岡・久留米 ］

24　COFFEE COUNTY KURUME ⸻⸻⸻ 138

コーヒーカウンティくるめ

［ 大阪・和泉 ］

25　辻本珈琲 ⸻⸻⸻ 144

26 ［東京・墨田］ しげの珈琲工房 ⬚ ———————————— 150

27 ［東京・椎名町］ SANTOS COFFEE 椎名町公園前店 ⬚⬚ ———————— 154
サントスコーヒー

28 ［奈良・五條］ KOTO COFFEE ROASTERS ⬚ ———————————— 160
コトコーヒーロースターズ

29 ［東京・練馬］ 自家焙煎珈琲豆　隠房 ⬚⬚ ———————————— 164
かくれんぼう

30 ［北海道・札幌］ 大地の珈琲 ⬚⬚ ———————————————— 170

31 ［東京・経堂］ FINETIME COFFEE ROASTERS ⬚⬚ ——————— 176
ファインタイムコーヒーロースターズ

萃取方法查詢目錄 ———————————— 182

【 閱讀這本書之前 】

●本書是基於季刊《CafeRes》2020年秋冬號、月刊《CAFERES》
2020年8月號、2019年11月號、2019年9月號、2018年
11號的連載文章搭配重新採訪內容，重新架構編輯而成。
●介紹全國31家咖啡·烘豆工坊的咖啡萃取方法。內容包含突
顯咖啡豆個性的咖啡萃取方法、各店家使用機器、萃取過程及
各店家萃取配方。
●介紹各式各樣的萃取方法，包含手沖法（濾紙滴濾法、濾布滴
濾法）、虹吸式法、愛樂壓法、法式濾壓壺法，以及最新萃取
器具、濃縮咖啡機等。

●針對收錄的每一家咖啡店，首先介紹店家基本資料、對於咖啡·
萃取的觀念，接著介紹店家使用的咖啡萃取方式。若各店家有
獨自的使用術語，本書也會配合使用專用術語。
●書裡介紹的咖啡，有些並非店家平日隨時供應的品項。價錢與
專用咖啡杯的設計也可能依實際狀況而有所不同。另外也包含
一些特地為本書提案的萃取方式。
●各店家的SHOP DATA為2021年11月底取得的資訊。

【 本書閱讀方式 】

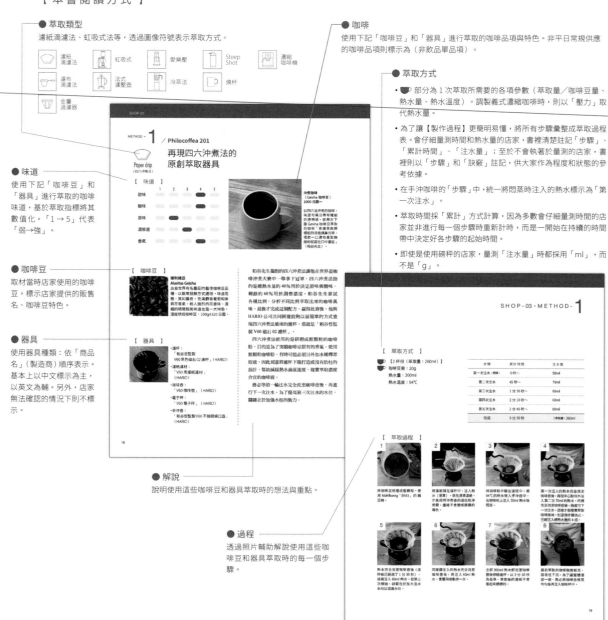

● 萃取類型
濾紙滴濾法、虹吸式法等，透過圖像符號表示萃取方式。

● 味道
使用下記「咖啡豆」和
「器具」進行萃取的咖啡
味道，基於萃取指標將其
數值化。「1→5」代表
「弱→強」。

● 咖啡豆
取材當時店家使用的咖啡
豆。標示店家提供的販售
名、咖啡豆特色。

● 器具
使用器具種類：依「商品
名」（製造商）順序表示。
基本上以中文標示為主，
以英文為輔。另外，店家
無法確認的情況下則不標
示。

● 咖啡
使用下記「咖啡豆」和「器具」進行萃取的咖啡品項與特色。非平日常規應
的咖啡品項則標示為（非飲品單品項）。

● 萃取方式
• ☕ 部分為1次萃取所需要的各項參數（萃取量／咖啡豆量、
熱水量、熱水溫度）。調製義式濃縮咖啡時，則以「壓力」取
代熱水量。
• 為了讓【製作過程】更簡明易懂，將所有步驟彙整成萃取過程
表。會仔細量測時間和熱水量的店家，書裡清楚註記「步驟」、
「累計時間」、「注水量」；至於不會執著於量測的店家，書
裡則以「步驟」和「訣竅」註記，供大家作為程度和狀態的參
考依據。
• 在手沖咖啡的「步驟」中，統一將悶蒸時注入的熱水標示為「第
一次注水」。
• 萃取時間採「累計」方式計算，因為多數會仔細量測時間的店
家並非進行每一個步驟時重新計時，而是一開始在持續的時間
帶中決定好各步驟的起始時間。
• 即使是使用磅秤的店家，量測「注水量」時都採用「ml」，而
不是「g」。

● 解說
說明使用這些咖啡豆和器具萃取時的想法與重點。

● 過程
透過照片輔助解說使用這些咖
啡豆和器具萃取時的每一個步
驟。

人氣咖啡店・烘豆工坊的
咖啡萃取概念
與萃取方法

隨著咖啡豆品質的提升，愈來愈多店家致力於追求更能
夠突顯咖啡豆個性與味道的萃取方法。因此，我們將為
大家介紹 31 家以美味咖啡聞名的咖啡店・烘豆工坊他
們最引以為傲的萃取技術。

本書收錄的萃取種類以濾紙滴濾法為首，另外包含濾布
滴濾法、虹吸式法、愛樂壓、法式濾壓壺、濃縮咖啡機
等多種方式，以及近來蔚為話題的最新型機器。透過本
書了解各店家對於器具挑選和萃取的見解，以及各店家
使用的萃取技術。希望大家能從各店家的堅持中獲得啟
發與學習新知，從中探索出最適合自己且專屬於自己的
萃取方式。

現在讓我們一起開啟這扇門，進入咖啡的新世界。

［愛知・名古屋］

トランクコーヒー

TRUNK COFFEE

METHOD-1

Paper drip

如摺紙般五彩繽紛的配色，再加上深肋柱設計，是這款 ORIGAMI 摺紙濾杯的最大特色。全色系共 16 種顏色（S 2530 日圓，M 2750 日圓）。

選擇使用與 WBrC 世界咖啡冠軍合作的「ORIGAMI SENSORY」聚香杯來盛裝滴濾咖啡。可以搭配杯座和陶瓷濾杯成組使用，也可以單獨作為咖啡壺。

位於名古屋市東區的總店「TRUNK COFFEE BAR」。舒適的北歐風裝潢，內部陳列許多讓人愛不釋手的繽紛色彩袋裝咖啡豆和各式各樣的咖啡器具。

『TRUNK COFFEE』負責人鈴木康夫先生。基於想讓女性使用者愛不釋手的想法，開發了這款日本美濃燒的 ORIGAMI 摺紙濾杯。因特別講究穩定萃取的構造而獲得高度評價，是許多國內外咖啡沖煮大賽的指定濾杯。

透過共同開發的濾杯與咖啡杯
襯托纖細咖啡豆最原始的美味

　　協助監製世界聞名的 ORIGAMI 摺紙濾杯，並且將最先進的咖啡趨勢傳遞給大眾的咖啡烘豆工坊，主要負責打點這家店的是負責人鈴木康夫先生。以店內配備烘豆機具的總店『TRUNK COFFEE BAR』為首，在愛知縣名古屋市內共有 3 家分店。在極具成長潛力的中國市場也以姐妹店『＋TRUNK』之名擴展中。

　　店家使用的咖啡豆全部都是精品咖啡豆，約有 8 ～ 10 種，以不同產地和處理工法的單一產區咖啡豆為主。咖啡飲品包含使用濃縮咖啡的各種花式咖啡，以及可以依個人喜好選擇咖啡豆與萃取方式的浸泡咖啡。

　　萃取方式有 ORIGAMI 摺紙濾杯、KALITA 波浪濾杯、愛樂壓 3 種。ORIGAMI 摺紙濾杯呈錐形，內有縱向深肋槽，容易控制熱水注入量，萃取平衡穩定的咖啡風味。KALITA 波浪濾杯的底部呈平面狀，咖啡粉與熱水容易均勻結合在一起，能夠萃取無雜質、口感溫和的咖啡美味，也更能表現出咖啡

豆的複雜風味。除此之外，愛樂壓的特色是能夠在短時間內加壓於咖啡粉，萃取口感清爽且帶有甜味與香氣的咖啡。

　　除了濾杯，為了讓客人「如品飲紅酒般享受咖啡的迷人香氣與味道」，店裡也備有多種系列的原創馬克杯。圓潤造型的「Barrel」系列、杯口呈彎曲狀的「Pinot」系列、寬底部設計的「Aroma」系列等，這些馬克杯的造型都是精心計算過咖啡流入舌頭上的角度而設計打造的。即便是相同咖啡，也會因為使用不一樣的馬克杯而有截然不同的酸味、甜味等味道與香氣。另一方面，店家也使用與 2019 年世界咖啡沖煮大賽冠軍杜嘉寧咖啡師共同開發的聚香杯，擴大液體表面以提升咖啡香氣，有效防止由下往上竄出的香氣逸散，力求讓客人能夠充分享受纖細咖啡豆最原始的美味。

SHOP DATA

■地址／愛知県名古屋市東区泉 2-28-24 東和高岳ビル 1F

■TEL ／ 052（325）7662

■營業時間／週一～週四 9 時 30 分～ 21 時、週五 9 時 30 分～ 22 時、
　　　　　　週六 9 時～ 22 時、週日、國定假日 9 時～ 19 時

■公休日／全年無休（除年末年初）

■坪數、座位／ 15 坪、25 席

■平均客單價／ 700 日圓

■URL ／ http://www.trunkcoffee.com

METHOD – **1** / **TRUNK COFFEE**

Paper drip

透過注水方式與溫度穩定萃取品質，打造新鮮且色香味均衡的咖啡

【 味道 】

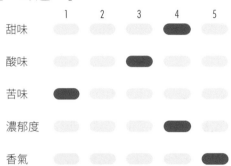

	1	2	3	4	5
甜味				●	
酸味			●		
苦味	●				
濃郁度				●	
香氣				●	

Brewed Coffee
「El Paraiso Lychee Lot」
熱 800 日圓

盛裝在能夠襯托香氣的專屬馬克杯中。充滿高雅的丹桂香氣與草莓的濃縮水果味。

【 咖啡豆 】

El Paraiso Lychee Lot
從哥倫比亞農莊進口的稀有咖啡豆。以近年來蔚為熱門話題的處理工法：二次厭氧發酵法打造複雜且奢華的風味與甘甜味。淺焙咖啡豆，100g2500 日圓。

【 器具 】

· 濾杯：
　「ORIGAMI 摺紙濾杯」
　（K-ai）
· 濾紙濾材：
　「波浪濾紙」
　（KALITA）
· 咖啡壺：「ORIGAMI」
　（K-ai）
· 電子秤：
　（HARIO 或 ULTRAKOKI）
· 手沖壺：「SSW 手沖壺 1000」
　（KALITA）

「TRUNK COFFEE」的基本萃取法則為使用一定分量的熱水，萃取一定分量的咖啡。藉此保持萃取液的穩定性。鈴木先生監製的 ORIGAMI 濾杯有 20 根肋柱，愈往萃取處，肋溝愈淺。這樣的設計方便控制萃取液的流速，不會過快或過慢。

陶瓷器具良好保溫效果，這也是一大優點。透過保溫讓接觸咖啡粉的熱水維持在 90 ～ 91℃。

這次使用的咖啡豆是充滿華麗香氣與果香味的「El Paraiso Lychee Lot」。保持適當的萃取速度、分量、溫度等參數，就能沖煮出一杯新鮮又風味均衡的美味咖啡。

鈴木先生表示「全球萃取技術不斷推陳出新，為了配合最新趨勢，我們縮短萃取時間 5 ～ 10 秒以減少負面成分的釋出。並且透過與咖啡沖煮冠軍咖啡師進行驗證，持續精進我們每天使用的萃取方式與器具。」

【　萃取方式　】

☕ 【1杯份（萃取量：180ml）】
　咖啡豆量：15g
　熱水量：210ml
　熱水溫度：93℃

步驟	訣竅	注水量
第一次注水	繞圈注水在咖啡粉上	45ml
悶蒸	（約30秒）	
第二次注水	從開始注水算起1分鐘～ 1分10秒後停止	（總水量）210ml
完成	1分45～55秒滴濾萃 取成咖啡液	（萃取量）180ml

【　萃取過程　】

1 2種濾紙都可以搭配 ORIGAMI 摺紙濾杯一起使用。為了表現咖啡豆醇厚且複雜的美味，店裡主要使用波浪濾紙。錐形濾紙比較能夠萃取充滿清爽口感的咖啡。

2 咖啡壺擺在電子秤上，依序放上杯座、鋪好濾紙的濾杯，然後以繞圈方式注入熱水。目的是防止濾紙味道轉移至咖啡液，同時也可以確實溫熱濾杯。

3 使用1杯分量15g的淺焙咖啡豆。為避免味道過淡，將咖啡豆研磨成細粉，這有助於咖啡粉浸漬在熱水裡。將咖啡粉倒入濾杯中並抹平。

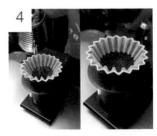

4 將93℃的熱水倒入手沖壺中，以90～91℃的熱水萃取咖啡液。啟動計時器和電子秤，開始注入熱水。以繞圈方式在咖啡粉上注水，注入45ml熱水後停止，悶蒸30秒。

5 開始第二次注水（真正開始萃取）。先以畫大圈方式注水，咖啡粉全部浸漬在熱水裡後，改為中心定點注水，這樣的注水方式有利於均衡且穩定萃取咖啡。

6 總水量達210ml後停止注水。陶瓷濾杯具保溫效果，再加上濾杯內精心計算過的肋柱設計，咖啡粉能夠確實在熱水中膨脹以利提取咖啡豆最原始的風味。

7 滴濾時間為1分45～55秒，一旦超過這個時間容易出現雜味。若使用圓錐型濾紙，分3～4次注入熱水，並且滴濾2分半左右。

[京都·烏丸]

オカフェ キョウト

Okaffe kyoto

Paper drip

店家主打「Dandy Blend」咖啡。客人點餐時總開玩笑地說「給我花花公子」或「我是花花公子」，別出心裁的命名充滿品味與玩心（Dandy 有時尚男、花花公子的意思）。

無肋柱的 3 孔銅製波浪濾杯。「穩定性比同樣 KALITA 品牌的梯形 3 孔濾杯更好。而且我個人也很喜歡銅製材質。」（岡田先生）

既是咖啡師，又是咖啡店老闆的岡田章宏先生。經營「小川珈琲」14 年來，除了負責店家營運，也針對一般·專業人士，開設咖啡講座，至今學員人數已達數萬人。除此之外，經常透過電視或廣播媒體傳遞咖啡相關資訊。岡田先生同時也是一名烘豆師，於 2022 年 1 月在京都市下京區開了一家烘豆專賣店。

將營運 40 多年的老茶館重新裝修，並於 2016 年 11 月以純咖啡店的型態重新出發。店家除了提供原創綜合咖啡，也備有與京都名店、名甜點師共同合作製作的食物與銅鑼燒等日式甜點，以及姐妹甜點店『amagami kyoto』的限定甜點，吸引不少當地老饕和觀光客前來品嚐。

關鍵字是「細心周到」。
萃取者的態度與器具特質相互吻合

在吧台熱情款待客人而深受好評的岡田章宏先生，可說是"咖啡師界的藝人"，備受國內外世人矚目。曾在不少咖啡比賽中獲得良好成績，是個實至名歸且足以代表日本的咖啡師。

岡田先生曾經代表日本參與拿鐵藝術世界大賽，『Okaffe Kyoto』店裡也供應表面裝飾美麗拉花藝術的拿鐵咖啡與卡布奇諾，雖然口碑不錯，但主打的招牌品項還是手沖咖啡。「看到如此精緻的器具時，那充滿濃濃京都風情的設計讓我第一眼就愛上，而且我也非常中意能夠穩定萃取咖啡的這項優點。」（岡田先生）這個器具就是KALITA開發的「Made in Japan」系列之一，以銅・不鏽鋼材質打造的「TSUBAME」萃取濾杯。濾杯和手沖壺都使用「TSUBAME」產品，包含濾紙和咖啡壺也全都統一使用KALITA的產品。「由於波浪濾杯有3孔，手沖壺的流速控制就更加重要，沖煮方式會大幅影響咖啡味道，而基於這一點，讓我更加體認到專業咖啡師的存在意義。為每一位客人細心沖煮咖啡的我的態度，以及追求細心周到的波浪濾杯的特質彼此相互吻合。」（岡田先生）

店家的主要咖啡陣容包含充滿醇厚感與苦味的Dandy Blend，以及充滿華麗香氣與酸味的Party Blend二種綜合咖啡，偶爾也會提供單一產區的咖啡品項。「使用新鮮咖啡豆是沖煮美味咖啡的必要條件」，基於這個理念，店家並沒有過多複雜的品項供客人選擇。

吧台設計讓燈光聚焦在萃取者身上，岡田先生手沖咖啡的英姿不僅是店家的LOGO設計，同時也印製在店裡使用的馬克杯上。『Okaffe Kyoto』是一間新時代咖啡店，既能享受美味帶來的感動，也處處充滿樂趣與驚喜。未來也將傾注心力在烘豆店的營運上。

SHOP DATA

■地址／京都府京都市下京区綾小路通東洞院東入神明町 235-2
■ TEL ／ 075（708）8162
■營業時間／ 9 時～ 20 時（最後點餐時間 19 時 30 分）
■公休日／週二
■坪數、座位／ 16 坪、23 席
■平均客單價／ 1000 日圓
■ URL ／ http://okaffe.kyoto

METHOD - 1 / **Okaffe kyoto**

Paper drip

將注意力擺在控制手沖壺和動作節奏上

【 味道 】

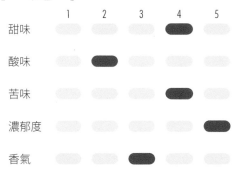

	1	2	3	4	5
甜味				●	
酸味		●			
苦味				●	
濃郁度					●
香氣			●		

Dandy Blend
550 日圓

以昭和硬漢魅力的男人形象為概念調配的綜合咖啡,充滿濃郁香氣且喝不膩的標準黑咖啡。

【 咖啡豆 】

Dandy Blend
使用巴西、印尼、衣索比亞、哥倫比亞 4 個產地的咖啡豆,一種充滿焦香和苦味的深焙配方豆。100g650 日圓。 另外一種 Party Blend 則是使用衣索比亞、瓜地馬拉、巴西產地的中焙配方豆,100g750 日圓。

【 器具 】

• 濾杯:
「波浪濾紙」(KALITA)
• 濾紙濾材:
「波浪濾紙」(KALITA)
• 咖啡壺:「Jug400」(KALITA)
• 電子秤:
「手沖咖啡電子秤 Pearl Mode」
(acaia)
• 手沖壺:
「手工不銹鋼細版手沖壺」
(KALITA)

　　基本上『Okaffe Kyoto』的咖啡萃取方式為濾紙手沖咖啡,既是店家的主打咖啡,搭配使用的也是岡田先生個人偏好的深焙配方豆。手沖咖啡時,手沖壺的控制(適當的位置、注入需要的水量、以適當強度注入)尤其重要,為了穩定控制手沖壺,平時會事先在手沖壺裡倒入固定水量後再進行萃取。「前半段的第一・二次注水是會影響成品味道與口感的重要步驟,後半段主要是調整味道。前半段務必小心謹慎,後半段則稍微提高注水速度。這個注水節奏非常重要」。另外,岡田先生也說「萃取者的態度(細心度)會經由咖啡傳達給顧客,所以平時務必隨時將這一點擺在心上」。

　　第一次注水的水量無須太多,只要讓咖啡粉充分浸漬在水裡就好。第二次注水則從最接近咖啡粉的高度,以涓涓細流的方式(水流不間斷)小心注入。第三次之後的注水則擴大範圍且加快速度,1 杯分量的咖啡注水三次,2 杯分量的咖啡注水四次。

【　萃取方式　】

【1杯份（萃取量：170ml）】
咖啡豆量：12g
熱水量：約 170ml
熱水溫度：95℃

步驟	累計時間	注水量
第一次注水	0 ～ 10 秒	20ml
悶蒸	（持續 25 秒）	
第二次注水	35 ～ 60 秒	80ml
第三次注水	1 分 10 秒～ 1 分 30 秒	70ml
完成	1 分 45 秒～ 2 分鐘	（萃取量）170ml

【　萃取過程　】

先注入熱水溫熱波浪濾杯和咖啡壺。在這段期間將咖啡豆研磨成中細顆粒並在濾杯中鋪好濾紙，在手沖壺中倒入 95℃ 熱水。右側照片為手沖壺裡倒入固定分量的熱水。

從適當位置、以適當強度注入所需水量，穩定控制手沖壺是萃取美味咖啡的必要步驟。

從靠近咖啡粉的高度注入熱水，小心不要讓咖啡粉四處飛濺（1 杯咖啡約使用 12g 咖啡粉，20ml熱水；2 杯咖啡使用 23g 咖啡粉，40ml 熱水）。悶蒸 25 秒。

第二次注水，從靠近咖啡粉的高度注入熱水，以不間斷的渦渦細流方式注水，在 10 圓硬幣的範圍內慢慢畫圓注水（1 杯咖啡使用 80ml 熱水，2 杯咖啡使用 100ml 熱水）。為避免出現雜味，切記勿過度攪拌咖啡粉。

第三次注水時，稍微加快速度（水柱大一些）。另外，注水範圍也比第二次大一點，以畫「の」字形的方式注水。1 杯咖啡使用 70ml 熱水，2 杯咖啡使用 100ml 熱水。無論 1 杯還是 2 杯，至第三次注水的累計時間都相同。

第四次注水（沖煮 2 杯咖啡時）。在 1 分 40 秒～ 2 分鐘的時間內注入 75ml 熱水，2 分 15 秒～ 30 秒期間完成萃取。萃取量為315ml。

[千葉・船橋]

フィロコフィア
Philocoffea 201

METHOD-1
Paper drip

METHOD-2
Paper drip

METHOD-3
Frenchpressure

METHOD-4
Espresso

粕谷哲先生，既是 2016 年世界盃咖啡沖煮大賽冠軍，同時也是精品咖啡專賣店『PHILOCOFFEA』的代表董事。秉持「讓咖啡無所不在」的理念。

因新冠肺炎疫情而熱銷的商品「濾泡咖啡」，只要跟茶包一樣浸泡在熱水裡，就能輕鬆沖泡一杯美味咖啡。盒裡放有沖泡說明書和粕谷先生的個人簡介，藉此宣傳品牌形象，短短 1 個月的時間就賣出 1 萬盒。

緊鄰船橋車站的『RUDDER COFFEE』是『Philocoffea』的系列咖啡店。雖然只是個 5 坪大小的咖啡攤，但提供種類豐富的飲品，像是使用店家自製焦糖和茶品的飲料、配合季節推出的花式咖啡，以及適合小孩飲用，只用奶泡和牛奶調製的「寶貝奇諾」等。

世界大賽冠軍的提案，
任何人都能輕鬆沖泡美味咖啡的方法

一位門外漢一腳踏入咖啡世界，短短 3 年的時間成為第一位榮獲世界盃沖煮咖啡大賽冠軍的亞洲人，頭頂這道榮耀光環的人就是粕谷哲先生。不僅負責監製連鎖超商的綜合咖啡，也協助培訓國內外的咖啡師，活躍於世界各地。由粕谷哲先生擔任 CEO 的『PHILOCOFFEA』目前有 4 家門市，雖然 2020 年爆發新冠肺炎疫情，但經營電商平台有成，比起前年的營業額成長超過 140%。

除了當地常客的捧場，也吸引不少咖啡相關業者和國內外粉絲來朝聖。以淺度烘焙的單一產區咖啡豆為主，但也提供深焙咖啡豆、配方豆、稀少品種咖啡豆，以及經特殊處理的頂級咖啡豆，好比 Geisha 就是其中一種，這是粕谷先生贏得世界大賽時使用的咖啡豆。

粕谷先生建議「Geisha 的最大特色是茉莉花香氣，而咖啡要好喝的祕訣在於讓茉莉花香氣確實散發出來，所以要先將熱水溫度稍微調高至 92 ～ 94℃。溫度太低無法提取香氣。另外，使用水質較軟的淨軟水。使用滴濾式濾杯時，香氣比較清晰；而使用浸漬式濾杯時，香氣則較為溫和」。

關於贏得世界盃大賽的咖啡，使用 20g 淺度烘焙的巴拿馬產 Geisha 咖啡豆，搭配 300ml 以超軟水聞名的青森產白神山地的礦泉水，並加熱至 92℃後使用。另外，使用滴濾式的 V60 濾杯萃取咖啡。

Geisha 咖啡豆的香氣廣受世人喜愛，也是各類咖啡大賽中，多數咖啡師的愛用豆，但 2021 年以教練身分參加世界大賽的粕谷先生表示「今年使用 Geisha 咖啡豆的人非常少，反而多了許多各式各樣的咖啡豆。這表示咖啡世界開始變得多樣化，我個人覺得這是非常好的趨勢，自由奔放的咖啡世界令人感到興奮」。

這次粕谷先生將指導大家 3 種使用 Geisha 咖啡豆的萃取方式，以及使用味道近似 Geisha 的咖啡豆來調製濃縮咖啡的萃取方式。

SHOP DATA

■地址／千葉県船橋市本町 2-2-13　滝口ビル 201

■營業時間／ 10 時～ 18 時

■公休日／週一

■坪數、座位／ 10 坪、6 席

■平均客單價／ 1000 日圓

■ＵＲＬ／ https://philocoffea.com

METHOD – **1** / **Philocoffea 201**

Paper drip
（四六沖煮法）

再現四六沖煮法的原創萃取器具

【 味道 】

	1	2	3	4	5
甜味				●	
酸味				●	
苦味		●			
濃郁度			●		
香氣				●	

沖煮咖啡
（Geisha 咖啡豆）
1000 日圓～

以四六法沖煮的咖啡，味道勻稱且帶有纖細的透明感。使用左下圖 Geisha 咖啡豆萃取的咖啡「青蘋果與檸檬般的清香撲鼻而來，啜飲一口還有鳳梨糖般的甘甜在口中蔓延」（粕谷先生）。

【 咖啡豆 】

玻利維亞
Alasitas Geisha
出自世界有名農莊的藝伎咖啡豆品種，以厭氧發酵方式處理。味道高雅，美如藝伎。充滿麝香葡萄和茉莉花香氣，給人強烈的花香味，濃縮的精緻甜美味道也是一大特色。淺度烘焙咖啡豆，100g4320 日圓。

【 器具 】

- 濾杯：
  「粕谷哲監製
  V60黑色磁石02濾杯」（HARIO）
- 濾紙濾材：
  「V60 用濾紙濾材」
  （HARIO）
- 咖啡壺：
  「V60 咖啡壺」（HARIO）
- 電子秤：
  「V60 電子秤」（HARIO）
- 手沖壺：
  「粕谷哲監製V60不銹鋼細口壺」
  （HARIO）

粕谷先生獨創的四六沖煮法讓他在世界盃咖啡沖煮大賽中一舉拿下冠軍。四六沖煮法指的是總熱水量的 40％用於決定甜味與酸味，剩餘的 60％用於調整濃度。粕谷先生嘗試各種比例，分析不同比例萃取出來的咖啡風味，最後才完成這個配方。贏得比賽後，他與 HARIO 公司共同開發能夠以最簡單的方式重現四六沖煮法風味的濾杯，那就是「粕谷哲監製 V60 磁石 02 濾杯」。

四六沖煮法使用的是研磨成粗顆粒的咖啡粉，目的是為了突顯咖啡豆原有的香氣。使用粗顆粒咖啡粉，有時可能必須另外加水稀釋萃取液，因此刻意將濾杯下端打造成沒有肋柱的設計，幫助減緩熱水滴落速度，確實萃取濃度合宜的咖啡液。

務必等前一輪注水完全流至咖啡壺後，再進行下一次注水。為了提高第三次注水的水位，關鍵在於加強水柱的衝力。

【　萃取方式　】

🍵 【2 杯份（萃取量：260ml）】
🍵 咖啡豆量：20g
　　熱水量：300ml
　　熱水溫度：94℃

步驟	累計時間	注水量
第一次注水（悶蒸）	0 秒～	50ml
第二次注水	45 秒～	70ml
第三次注水	1 分 30 秒～	60ml
第四次注水	2 分 10 秒～	60ml
第五次注水	2 分 45 秒～	60ml
完成	3 分 30 秒	（萃取量）260ml

【　萃取過程　】

1 將咖啡豆研磨成粗顆粒。使用 Mahlkonig「EK43」的磨豆機。

2 將濾紙鋪在濾杯中，注入熱水（浸濕）。事先浸濕濾紙，才能保持沖煮後的濾紙乾淨美觀，邊緣不會變成髒髒的褐色。

3 將咖啡粉平鋪在濾紙中。將94℃的熱水倒入手沖壺中，在咖啡粉上注入 50ml 熱水後悶蒸。

4 第一次注入的熱水完全流至咖啡壺後，再從中心點往外注入第二次 70ml 的熱水。同樣完全流至咖啡壺後，再進行下一次注水，這樣才能確實萃取咖啡風味。到這個步驟為止，已經注入總熱水量的 4 成。

5 熱水完全流至咖啡壺後（這時候已經過了 1 分 30 秒），接著注入 60ml 熱水。從第三次開始，訣竅在於加大注水水柱以提高水位。

6 同樣讓注入的熱水完全流至咖啡壺後，再注入 60ml 熱水。重覆同樣動作一次。

7 全部 300ml 熱水都流至咖啡壺後移開濾杯。以 3 分 30 秒為基準，萃取後的濾紙不會看起來髒髒的。

8 最初萃取的咖啡糖度較高，容易往下沉。為了讓整體濃度一致，務必將咖啡壺搖晃均勻後再注入咖啡杯中。

METHOD - **2** / **Philocoffea 201**

Paper drip
（一段式）

不需要悶蒸，一段式注水
萃取濃縮的水果風味

【 味道 】

	1	2	3	4	5
甜味					●
酸味			●		
苦味			●		
濃郁度				●	
香氣			●		

（非飲品單品項）

一段式沖煮法，可以品嚐濃郁的水果風味。咖啡杯也是特別訂製，模仿葡萄酒杯的形狀，將香氣緊緊鎖住。杯緣非常薄，能夠讓舌尖確實品嚐咖啡風味。

【 咖啡豆 】

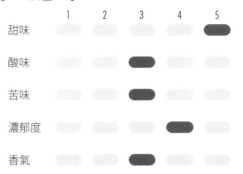

哥倫比亞
Montserrat Geisha
※請參考 P18 的咖啡豆解說

【 器具 】

- 濾杯：
「V60 透過濾杯」（HARIO）
- 濾紙濾材：
「V60 用濾紙濾材」（HARIO）
- 咖啡壺：
「V60 咖啡壺」（HARIO）
- 電子秤：
「手沖咖啡電子秤 Pearl Mode」
（acaia）
- 手沖壺：電控水沖壺
（bonaVITA）

　　這是 2019 年春天粕谷先生研發的一段式注水萃取法，整個過程只需要注水 1 次。這是當時思索著「該如何讓所有人都能輕鬆沖煮一杯咖啡」時所研發出來的沖煮方式。這個方法非常簡單，完全不需要顧慮悶蒸等細鎖的時間分配。為了萃取濃縮水果風味，適合搭配使用日曬法處理的咖啡豆。

　　雖然只需要注入一次熱水，但訣竅在於大水柱一口氣注入。透過提高水位讓咖啡粉浸漬在熱水中（浸漬式），有助於萃取咖啡豆的原始香氣。

　　粕谷先生表示「在 1 分 30 秒內讓萃取液完全流入咖啡壺中最為理想，超過這段時間，恐容易出現雜味，所以研磨咖啡豆時，略粗的顆粒比較合適。這個萃取方法比杯測還簡單，也推薦用於檢測咖啡味道的時候。」

　　和四六沖煮法一樣使用粕谷哲監製 V60 黑色磁石 02 濾杯，完成後可以互相比較一下味道。若說四六沖煮法給人蕾絲般的輕柔口感，一段式沖煮法會像百葉窗般，味道較為厚實穩重。

【 萃取方式 】

【2 杯份（250ml）】
咖啡豆量：25g
熱水量：300ml
熱水溫度：95℃

步驟	累計時間	注水量
第一次注水	0 ～ 15 秒	300ml
完成	1 分 30 秒	（萃取量）250ml

【 萃取過程 】

1

在咖啡壺上面擺好濾杯和濾紙，然後倒入熱水（潤濕）。

2

倒入 25g 粗研磨咖啡粉。

3

將 300ml 的 95℃ 熱水一段式全部倒進去。訣竅在於以 15 秒左右的時間，以大水柱方式注入熱水。從中心向外畫圓地注入熱水，最後稍微放慢速度以調整水量。

4

靜靜等待熱水完全流入咖啡壺中，在 1 分 30 秒時全部流完是最為理想。時間若太短，下次可將咖啡豆再研磨得粗一些；時間若過久，下次可將咖啡豆稍微研磨得細一些。

5

全部流入咖啡壺後，移開濾杯。將咖啡壺搖晃均勻後，再倒入事先溫熱備用的咖啡杯中。

6

照片為萃取後咖啡粉沉澱於濾杯底部的狀態。使用深焙咖啡豆時，咖啡渣會堆積成圓頂狀。

METHOD - **3** / **Philocoffea 201**

Frenchpressure

分二次注入熱水，
提取咖啡豆最原始的風味

【 味道 】

	1	2	3	4	5
甜味				●	
酸味			●		
苦味		●			
濃郁度					●
香氣			●		

（非飲品單品項）

適度的果香味與茉莉花味，口味介於四六沖煮法與一段式沖煮法中間。因為使用的是高品質的「藝伎Geisha」咖啡豆，即便是第二次沖煮萃取，咖啡依舊美味且充滿香氣。

【 咖啡豆 】

哥倫比亞
Montserrat Geisha
※請參考 P18 的咖啡豆解說

【 器具 】

・法式濾壓壺：
　「不銹鋼流線濾壓壺」
　（HARIO）
・電子秤：
　「手沖咖啡電子秤 Pearl Mode」
　（acaia）
・手沖壺：電控水沖壺
　（bonaVITA）

　粕谷先生表示「各家廠牌的法式濾壓壺其功能通常不會有太大差異，只要依照自己需要的尺寸和設計挑選即可。我習慣使用外觀簡單大方的 HARIO 法式濾壓壺。」

　法式濾壓壺的最大特色是簡單方便，只需要在咖啡粉上注入熱水，然後壓下濾網即可。但粕谷流的操作訣竅是分二次注入熱水。具體操作方式為先注入 100ml 熱水，悶蒸 15 秒後再注入 180ml 熱水，從開始操作的 4 分鐘後壓下濾網。

　粕谷先生建議大家「基於手沖法原理，最初悶蒸 15 秒是為了確實萃取咖啡豆成分。咖啡豆飽含油脂，讓我們能夠充分享受濃郁感與滑順感，所以推薦使用具獨特水果風味的中淺焙～中焙咖啡豆。水洗處理的咖啡豆味道清爽，或許有人會覺得似乎少了些什麼。若使用深焙咖啡豆，由於容易產生苦澀味，建議將熱水溫度調降至 90℃以下。」

【　萃取方式　】

【2杯份（萃取量：240ml）】
咖啡豆量：16g
熱水量：280ml
熱水溫度：96℃

步驟	累計時間	注水量
第一次注水	0 秒～ 15 秒	100ml
悶蒸	（15 秒）	
第二次注水	30 秒～	180ml
壓濾網	4 分鐘～	
完成		（萃取量）240ml

【　萃取過程　】

1

將 16g 細研磨咖啡粉倒入濾壓壺中。

2

以 15 秒的時間將 100ml 的 96℃熱水注入在咖啡粉上。

3

靜置悶蒸 15 秒，確實萃取咖啡成分。

4

注入剩餘的 180ml 熱水。注水時輕輕搖晃濾壓壺，確保所有咖啡粉能夠浸漬在熱水中。

5

蓋上壺蓋並靜置。

6

從開始操作的 4 分鐘後，用雙手慢慢將濾網向下推壓。用力推壓容易使咖啡粉四處流動，這也是產生雜味的原因，請務必多加留意。最後倒入事先溫熱好的咖啡杯中。

METHOD – **4** / **Philocoffea 201**

Espresso

腦中隨時意識「均勻一致」

【 味道 】

	1	2	3	4	5
甜味					●
酸味			●		
苦味	●				
濃郁度				●	
香氣				●	

牛奶飲品（Milk Beverage）套餐
800 日圓

濃縮咖啡＋蒸氣打發牛奶＋卡布奇諾咖啡飲品套餐，這份餐點僅供內用。這是基於想讓客人品嚐拿鐵咖啡真正的味道所開發的品項。使用高梨乳業的高梨 3.6 牛奶。

【 咖啡豆 】

衣索比亞 Ethiopia Wate Mini
使用經日曬處理的中淺焙咖啡豆。帶有薰衣草和草莓糖果的甜甜風味。100g1188 日圓。

【 器具 】

・濃縮咖啡機：
　「Appia II 1Gr」（Simonelli）
・磨豆機：
　「Mythos ONE」（Simonelli）
・佈粉器
・填壓器

我經常使用的濃縮咖啡機填壓器是世界大賽優勝時的紀念品。全世界只有10個，是非常珍貴的填壓器。

粕谷先生表示「濃縮咖啡和手沖咖啡完全不一樣，僅僅 20ml，油脂就能讓咖啡液充滿滑順口感、濃郁的醇厚度，以及各種不同的複雜風味。比起單純飲用，搭配燕麥奶或焦糖等的花式咖啡更具趣味。」

濃縮咖啡最重要的關鍵在於均勻一致。粉量、佈粉、填壓的操作步驟中，一旦密度和施力方式有了差錯，就容易出現過度萃取或萃取不足的現象，這一點請務必多加留意。

「過去萃取主流是使用 20g 的咖啡豆，萃取 40ml 的咖啡液，但最近咖啡豆用量減少至 18 ～ 19g，萃取口感較為清爽的咖啡液，這似乎也已經成為全球趨勢。隨著咖啡豆產地的進化，咖啡豆本身的味道變得更加華麗，如果還是依照傳統萃取方式操作，咖啡風味可能因此變複雜。」

畢竟是世界盃咖啡沖煮大賽冠軍經營的咖啡店，店裡的手沖咖啡擁有不可動搖的地位，但誠心希望大家也能嘗試享用以淺焙咖啡豆所沖煮的濃縮咖啡。

【 萃取方式 】

☕ 【雙份濃縮咖啡（萃取量：40ml）】
☕ 咖啡豆量：18g
　　氣壓：9 氣壓
　　熱水溫度：93℃

步驟	訣竅
研磨	雙份濃縮咖啡使用 18g 咖啡粉。極細顆粒研磨
佈粉	以佈粉器抹平咖啡粉，盡量使其高度一致
填壓	均勻施力按壓
完成	萃取 40ml 濃縮咖啡，大約需要 25 秒的萃取時間

【 萃取過程 】

1
將 18g 咖啡豆研磨成非常細緻的咖啡粉。

2
將研磨好的咖啡粉填入濾杯把手中，輕敲整平咖啡粉。

3
使用佈粉器順時針轉 3 圈，佈粉器高度約 7 mm。依不同粉量調整佈粉器高度。

4
用填壓器水平向下均勻按壓。隨時意識以均勻的力道按壓，而不是拼命用力按壓。

5
將把手裝到咖啡機上，開始進行萃取作業。

6
約 25 秒滴完最為理想。在一整天作業中，數次檢查味道並進行調整。

[福岡・福岡]

シロウズコーヒー

SHIROUZU COFFEE 港店

店長白水和壽先生。2012 年為了打造一個結合咖啡與藝術的空間，毅然決然離開服飾業。於 2016 年開設「警固店」，於 2019 年開設「福岡パルコ店」。

為了配合店裡中焙～中深焙的咖啡豆陣容，使用虹吸式萃取方式。虹吸式萃取法極具表現性，能夠讓客人充分享受一場視覺饗宴。

白水先生表示「虹吸式咖啡的成敗與否取決於技術，也就是火候控制和攪拌。」是否成功萃取一杯虹吸式咖啡，端看萃取後的濾布上是否有呈圓頂狀的咖啡渣。

為了突顯中焙～中深焙咖啡豆的原始味道，
以虹吸式萃取法為主

一走進店裡，右手邊立刻有一台吸引眾人目光的「GIESEN」烘豆機，這裡就是 2012 年開幕的自家烘焙咖啡店『SHIROUZU COFFEE 港店』。充滿時尚感的空間中，一幅現代藝術的網版印刷畫掛在牆上，店家的主要萃取器具虹吸式咖啡壺就大辣辣地擺放在櫃臺上。

關於選用虹吸式咖啡壺的理由，店長白水和壽先生說：「其實理由很多，像是最初接觸的萃取器具是以前當學徒時，老舖純喫茶店裡使用的虹吸式咖啡壺。也因為這個緣故，當我決定獨立門戶開店時，便挑選了虹吸式咖啡壺作為主要萃取器具。而另外一個特別的理由則是虹吸式咖啡壺能夠使用高溫熱水直接萃取。煮沸後的熱水直接接觸咖啡粉，不需要事先倒入手沖壺中。由於能夠一直保持熱水溫度，萃取出來的咖啡更具醇厚且令人回味的甘甜」。

另一方面，店家自行烘焙的咖啡豆也非常適合使用搭配虹吸式咖啡壺。

「店裡除了配方豆，也使用單一產區的咖啡豆，主要烘焙程度為中焙～中深焙。店內咖啡豆陣容中沒有極淺焙咖啡豆，也算是本店的特色之一。之所以使用虹吸式咖啡壺，也是為了襯托咖啡豆烘焙程度具有的醇厚感，以及多層次的味道。」

將虹吸式咖啡壺擺在櫃臺上，不僅引入矚目，熱水沸騰、萃取液緩緩流入壺中的模樣更是一場令人陶醉的視覺與聽覺饗宴。唯有虹吸式咖啡壺，才能做到與客人共同分享萃取過程的樂趣。

「只要事先確認好萃取時間、豆量、熱水量和水溫，任何人都能輕鬆萃取，這就是虹吸式咖啡壺的最大優點。」白水先生一語道出虹吸式咖啡壺的最大魅力與優點。

SHOP DATA

■ 地址／福岡県福岡市中央区港 2-10-6

■ TEL ／ 092（725）0176

■ 營業時間／ 11 時～ 19 時

■ 公休日／全年無休

■ 坪數、座位／ 14 坪、11 席

■ 平均客單價／ 700 日圓

■ URL ／ https://www.shirouzucoffee.com/

METHOD – 1

Siphon drip

/ SHIROUZU COFFEE 港店

以高溫虹吸式咖啡壺
沖煮中焙咖啡豆的訣竅

【 味道 】

	1	2	3	4	5
甜味					●
酸味			●		
苦味	●				
濃郁度			●		
香氣				●	

衣索比亞咖啡
600 日圓

使用具有水果香氣與甜味的中焙咖啡豆萃取的「衣索比亞咖啡」。一般虹吸式咖啡的售價為 480 日圓起。

【 咖啡豆 】

衣索比亞
經日曬處理的咖啡豆，特色是充滿水果的香氣與甘甜。帶有藍莓和焦糖風味。100g750 日圓。

【 器具 】

•虹吸式咖啡壺：（HARIO）

　使用虹吸式咖啡壺萃取時，熱咖啡和冰咖啡的萃取參數不一樣，但同樣是熱咖啡的話，即便咖啡豆不一樣，萃取配方和過程幾乎相同。可以依照客人喜好，稍微增減咖啡豆用量。但改變研磨方式的話，恐會造成走味，因此『SHIROUZU COFFEE 港店』無法應客人要求改變咖啡豆的研磨方式。

　上圖使用的是中焙「衣索比亞」咖啡豆。為了帶出醇厚感且避免出現雜味，將咖啡豆研磨成中顆粒。白水先生也說明了一些注意事項。

　「使用虹吸式咖啡壺時，上壺的萃取溫度會高達 93℃，但這個溫度對中焙咖啡豆來說略高了一些，因此容易產生雜味。建議咖啡粉和熱水混合一起後先進行第一次攪拌，然後 15 秒的短暫萃取時間後再進行第二次攪拌，盡量避免出現雜味」。

【　萃取方式　】

【1杯份（萃取量：約180ml）】
咖啡豆量：16g
熱水量：200ml
熱水溫度：90～95℃

步驟	時間
下壺內的熱水沸騰後，插入裝有咖啡粉的上壺	
下壺內的熱水上升至上壺內	
第一次攪拌	約5秒
靜置、萃取	15秒
第二次攪拌	約5秒
關掉火源，上壺內的咖啡液流至下壺內	約2分鐘萃取完成

【　萃取過程　】

1
將熱水注入下壺，加熱保溫。水量約200ml。

2
將咖啡粉倒入上壺中，暫時先斜插至下壺中，準備進行萃取。使用中研磨的咖啡粉。

3
下壺的熱水自底部開始冒泡，冒泡代表沸騰。

4
將上壺正插至下壺中，沸騰的熱水自然上升至上壺中。

5
熱水完全上升至上壺後，進行第一次攪拌。使用木製攪拌棒，以不會觸碰濾布的方式向同一個方向畫圓攪拌。

6
第一次攪拌後靜置15秒，然後快速進行第二次攪拌，並且關閉火源，這時上壺的咖啡液開始流回下壺。

7
留在上壺內的咖啡渣呈圓頂狀時，代表攪拌情況很順利，能夠成功萃取一杯理想中的美味咖啡。倒入咖啡杯後就完成了。

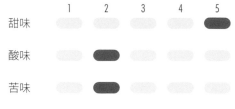

METHOD - **2** ／ **SHIROUZU COFFEE** 港店

Siphon drip

使用虹吸式咖啡壺，
萃取味道乾淨的冰咖啡

【 味道 】

	1	2	3	4	5
甜味					●
酸味		●			
苦味		●			
濃郁度				●	
香氣				●	

湊綜合咖啡
480 日圓

使用 House Blend 的
「港配方豆」。重視
酸味和苦味的均勻和
諧。

【 咖啡豆 】

湊綜合咖啡
將中深焙的瓜地馬拉和薩爾瓦多咖
啡豆，以及中焙巴西咖啡豆以同比
例混合在一起的配方豆。100g530
日圓。

【 器具 】

•虹吸式咖啡壺：（HARIO）

P28 中曾經說過「熱咖啡和冰咖啡的萃取參數不一樣」，實際上有哪些差異呢？

首先是咖啡豆的研磨方式。熱咖啡使用中研磨咖啡粉，冰咖啡使用中細研磨咖啡粉。其次是熱水量，萃取冰咖啡需要的熱水量只有熱咖啡的一半，但冰咖啡的萃取時間較長，大約60 秒，這樣才能萃取出濃度較高的咖啡液。由於冰咖啡在最後需要添加冰塊，為了避免過度稀釋，萃取時會預先提高咖啡液濃度。

白水先生也曾經說過，虹吸式咖啡的成敗與否取決於技術，也就是火候控制和攪拌。

「咖啡液全部流入咖啡壺後，留在濾布上的咖啡渣如果呈圓頂狀，代表攪拌作業做得非常踏實。只要讓產生雜味的罪魁禍首－細小泡沫留在咖啡粉上，就能萃取味道乾淨清澈的咖啡液。除了會受到第一次攪拌後的火候影響，咖啡液流入咖啡壺前的第二次攪拌若沒能確實讓上壺內部形成對流，也會導致咖啡液無法順利過濾而產生雜味。」

【 萃取方式 】

【1 杯份（萃取量：約 80ml）
　　　　　＋冰塊 100g】

咖啡豆量：16g
熱水量：100ml
熱水溫度：90 ～ 95℃

步驟	時間
下壺內的熱水沸騰後，插入裝有咖啡粉的上壺	
下壺內的熱水上升至上壺內	
第一次攪拌	約 5 秒
靜置、萃取	60 秒
第二次攪拌	約 5 秒
關掉火源，上壺內的咖啡液流至下壺內	約 3 分鐘萃取完成

【 萃取過程 】

1
將熱水注入下壺，加熱保溫。調製冰咖啡時，最後會另外添加冰塊，所以必須預先萃取得濃郁一些，熱水量約為熱咖啡的一半，100ml。

2
將咖啡粉倒入上壺中，並且輕輕斜插至下壺中，準備進行萃取。為了萃取高濃度咖啡液，使用中細研磨的咖啡粉。

3
下壺中的熱水沸騰後，將上壺正插至下壺中。熱水完全上升至上壺後，進行第一次攪拌。注意事項同熱咖啡。

4
第一次攪拌後靜置 60 秒（調製冰咖啡時），這段期間持續加熱。咖啡液濃度取決於靜置時間。

5
靜置 60 秒後，進行第二次攪拌。然後迅速關掉火源。

6
高濃度的咖啡液開始流回下壺。

7
在咖啡壺中放入 100g 冰塊，然後注入下壺中的咖啡液。攪拌使其急速冷卻。冰塊融化後，完成一杯約 180ml 的冰咖啡。倒入咖啡杯後就大功告成。

[東京・墨田区]

アンリミテッド コーヒーバー トウキョウ

UNLIMITED COFFEE BAR TOKYO

咖啡大師親自將萃取好的咖啡端至客人桌前，然後注入咖啡杯中。邊享用剛煮好的咖啡，邊傾聽大師說明香氣，對客人來說，這是再幸福不過的體驗。

經理兼咖啡大師的櫻井志保女士。在位於 2 樓的咖啡大師養成班「BARISTA TRAINING LAB 東京」進修 2 年半之後，正式成為店裡的一份子。

享用滴濾咖啡的客人，可以從 3 種萃取器中挑選自己喜歡的器具。本書將為大家介紹使用 V60 手沖濾杯和 Silverton 沖煮器萃取咖啡液。店家另外也提供使用愛樂壓萃取的咖啡。

琳瑯滿目的咖啡豆與萃取器具，
滿足客人「當下想要享用的風味」

『UNLIMITED COFFEE BAR TOKYO』就位在東京晴空塔腳下，店裡有多名曾在咖啡大賽中獲獎的咖啡大師，每天吸引為數不少的觀光客、當地常客和咖啡粉絲前來朝聖。

這家店最大的特色是點餐方式。走進店裡後，首先來到點餐櫃臺，挑選自己想要的咖啡品項，如果選擇「滴濾咖啡」，接著可以從 3 種萃取器中挑選自己喜歡的器具。如果選擇「愛樂壓式咖啡」，還可以依個人喜好決定牛奶量和大小杯。

接受點餐的是資深熟練的咖啡大師，透過親切的說明，引導客人享用一杯最適合自己的咖啡。對於『總之先來杯熱咖啡』的客人，也透過詳細解說讓他們逐漸對咖啡產生興趣。

「選擇滴濾咖啡的時候，雖然風味因咖啡豆種類而異，但喜歡口感紮實的人，推薦使用愛樂壓萃取法；追求果香味的人，推薦使用 Silverton 沖煮器；而為了滿足客人其他多項要求，則推薦使用容易進行調整的 HARIO 品牌 V60 手沖濾杯。也有不少客人是因為『不曾看過這種萃取器，想要品嚐看看』而選擇 Silverton 沖煮器。」（經理兼咖啡大師的櫻井志保女士表示）

正因為這是一家客人川流不息的咖啡店，店家提供的咖啡豆不僅產地來源豐富，處理工法也十分多樣化，保證能夠符合眾多客人的喜好與需求。再加上店家使用的咖啡豆種類經常更換，更是吸引不少引頸期盼的常客登門拜訪。

這次使用的衣索比亞咖啡豆，是先將採收後的咖啡櫻桃靜置陰暗處熟成 1 年，然後再經過日曬乾燥處理而成。透過 HARIO 的 V60 手沖濾杯有節奏地萃取，才得以完成一杯具精品咖啡等級且充滿水果香甜的美味咖啡。

另一方面，哥倫比亞咖啡豆則是水洗處理而成。透過浸漬式 Silverton 沖煮器的萃取，完成一杯充滿清爽柑橘香氣與柳橙酸味的美味咖啡

SHOP DATA

■地址／東京都墨田区業平 1-18-2　1 階

■ TEL ／ 03（6658）8680

■營業時間／週二、週三、週四 12 時～ 18 時、週五 12 時～ 22 時、
　　　　　　週六 10 時 30 分～ 22 時、週日、國定假日 10 時 30 分～ 18 時 30 分

■公休日／週一（國定假日照常營業）

■坪數、座位／ 16 坪、24 席　　■平均客單價／ 1500 日圓

■ URL ／ http://www.unlimitedcoffeeroasters.com

METHOD – **1** / **UNLIMITED COFFEE BAR TOKYO**

Paper drip

有節奏地反覆注水，提取水果茶般的風味

【 味道 】

	1	2	3	4	5
甜味					●
酸味				●	
苦味			●		
濃郁度				●	
香氣					●

滴濾咖啡
680 日圓

這杯咖啡充滿紅地球葡萄般的華麗香氣，以及如白蘭地發酵後的香醇尾韻。

【 咖啡豆 】

衣索比亞夏奇索
Red Reserva 日曬豆
位於西達摩省的夏奇索（Shakiso）是有名的精品咖啡豆產地，Red Reserva 日曬豆就是出自這個產地的咖啡豆。經 1 年熟成後，再以日曬乾燥法處理成生豆。100g1296 日圓。

【 器具 】

・濾杯：（bonmac）
・咖啡壺：（HARIO）
・電子秤：（acaia）

　使用 HARIO 的 V60 濾杯萃取淺中焙豆「Ethiopia Shakiso」。

　店家使用印有原創 logo 的陶瓷 V60 濾杯，保溫性能佳，有助於維持適當溫度。再加上咖啡師能夠依照自己的專業調整注水量與注水速度，可說是一款非常適合用來沖煮獨具個性香氣的濾杯。

　濾杯搭配濾紙使用，先以熱水浸濕去除濾紙味道。另外，磨豆之前，先在磨豆機裡放幾顆分量外的咖啡豆研磨，能夠避免混雜其他咖啡豆的味道。透過這些小細節的用心，讓個性鮮明的咖啡豆更能夠呈現原始的味道與香氣。

　將咖啡粉倒入濾杯中，分四次注入熱水。第一次注水 30ml，悶蒸後再依序注入 90ml、60ml、45ml 的熱水，有節奏地輕輕注水以萃取咖啡液。

【　萃取方式　】

【1杯份（萃取量：約190ml）】
咖啡豆量：15g
熱水量：225ml
熱水溫度：96℃

步驟	累計時間	注水量
第一次注水	0秒～5秒	30ml
悶蒸	（約30秒）	
第二次注水	30秒～	90ml
第三次注水	50秒～	60ml
第四次注水	1分10秒～	45ml
完成	2分30秒	（萃取量）約190ml

【　萃取過程　】

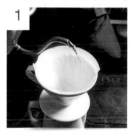

1
濾杯中鋪好濾紙，在濾紙上澆淋熱水（浸濕）。去除濾紙味道也兼具溫熱器具的功用。

2
磨豆機裡倒入數顆分量外的咖啡豆研磨。目的是去除殘留於磨豆機裡的他種微量咖啡粉。

3
將分量內的咖啡豆研磨成中顆粒，倒入濾杯中後鋪平。

4
在濾杯中的咖啡粉上注入30ml熱水，悶蒸30秒。使用「TAKAHIRO」手沖壺。

5
以畫圓方式注入90ml熱水。咖啡粉稍微下沉後，同樣以畫圓方式注入60ml熱水。最後注入45ml熱水，咖啡液完全滴濾至咖啡壺後拿掉濾杯。

6
用攪拌棒上下攪拌咖啡液使濃度均一，品杯檢測是否確實萃取咖啡豆原味後，再注入咖啡杯中。

METHOD - **2** / **UNLIMITED COFFEE BAR TOKYO**

Paper drip

以能夠浸漬＋滴濾的濾杯，
享用咖啡豆最直接且乾淨的風味

【　味道　】

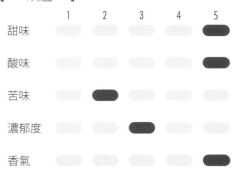

	1	2	3	4	5
甜味					●
酸味					●
苦味		●			
濃郁度			●		
香氣					●

滴濾咖啡
680 日圓

這杯哥倫比亞咖啡的
最大特色是清澈明亮
的柑橘類酸味。還可
以感覺到紅糖般的甜
味與濃郁感。

【　咖啡豆　】

哥倫比亞橘樹全水洗處理豆
（ Colombia Naranjos Fully
Washed ）
AAA 等級高品質的微批次咖啡豆。
特色是充滿柑橘類的酸味。建議搭
配牛奶調製成卡布奇諾或咖啡拿
鐵。100g1080 日圓。

【　器具　】

・濾杯：（Silverton）
・濾材：（bonmac）
・咖啡壺：（Silverton）
・電子秤：（acaia）
・手沖壺：（Teflon pitcher）
・木製攪拌棒

「Silverton 沖煮器」是一款玻璃材質的萃取
器具，雖然日本並不常見，但簡潔亮眼的外型
緊緊抓住眾人目光。上壺安裝濾網後，倒入咖
啡粉，然後將總熱水量一口氣全部倒進去，讓
咖啡粉完全浸漬在熱水中。接著同虹吸式咖啡
的操作步驟，在咖啡液流入下壺前，攪拌以加
速萃取。旋開制水閥後，咖啡液會通過濾網流
至下方的咖啡壺中。

咖啡液極為清澈，有近乎杯測時的迷人香
味。距離咖啡液流入咖啡壺之前的時間只有短
短 4 分鐘，好喝的祕訣在於先用熱水溫熱咖啡
壺，避免萃取後的咖啡液變冷。

這個萃取器的優點是浸漬後再經濾紙過濾，
咖啡液雖然看似清澈，卻能直接表現出咖啡豆
的特色。

店家向來使用淺中烘焙的「哥倫比亞橘樹」
咖啡豆。

【　萃取方式　】

【1杯份（萃取量：約180ml）】
咖啡豆量：15g
熱水量：215ml
熱水溫度：96℃

步驟	訣竅	注水量
注水	一口氣全部注入	215ml
浸漬	（4分鐘）	
攪拌	用攪拌棒輕輕混拌漂浮於水中的咖啡粉	
萃取	全部滴濾完（目標1分鐘）	
完成		（萃取量）約180ml

【　萃取過程　】

1

濾杯中鋪好濾紙。
彎折「Bonmac」梯形濾紙後使用。

2

在濾紙上澆淋熱水（浸濕），立刻旋開制水閥讓熱水流至下方容器中。

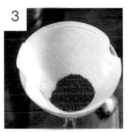

3

取數顆分量外的咖啡豆，放入磨豆機研磨（目的是去除殘留於磨豆機裡的微量咖啡粉）。將研磨好的中顆粒咖啡粉（分量內）倒入濾紙中。

4

設定計時器4分鐘。將分量內的熱水一口氣倒進去，浸濕所有咖啡粉。等待浸漬的期間，事先用熱水溫熱咖啡壺。冬季時可能還要適時更換熱水。

5

3分50秒時，倒掉咖啡壺裡的熱水。4分鐘後，用攪拌棒攪拌浮在表面的咖啡粉，輕輕繞圈3次。若攪拌下方咖啡粉，容易出現雜味。

6

旋開制水閥，讓咖啡液滴濾至下方咖啡壺中。完全滴濾完大概需要1分鐘。

7

輕輕搖晃咖啡壺使濃度均勻一致，注入事先溫熱好的咖啡杯中。

[愛知・名古屋]

キューオーエルコーヒー

Q.O.L. COFFEE

METHOD-1 METHOD-2

Paper drip

Airpressure

為了搭配愛樂壓萃取，所有咖啡豆皆為特別訂購品。另外，為了突顯咖啡豆最原始的風味，店家採用反轉倒置法。

托盤上除了咖啡壺和小咖啡杯，還會貼心附上寫有咖啡豆資訊的小卡片。

老闆嶋勇也先生。當時受到澳洲墨爾本咖啡文化的刺激而在當地磨練各種相關技術。2017 年於出生地名古屋開了一家屬於自己的咖啡店，也積極參與國內外各種咖啡相關活動。

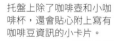

使用愛樂壓萃取時，些微的水溫差異就足以影響味道，所以使用能夠設定溫度（可微調 1℃ 的）Brewista 溫控手沖壺，提高纖細風味的精緻度。

調整咖啡豆的研磨顆粒與細小水柱注水，
追求清澈乾淨的香氣

專賣精品咖啡的自家烘焙 & 咖啡店『Q.O.L. COFFEE』平日上門的多半是上班族，假日則吸引許多年輕族群聚集。店家除了提供內用和外帶咖啡、販售咖啡豆，還有許多講究功能性與設計感的萃取器供挑選，為客人打造多姿多彩的咖啡生活。

咖啡豆以淺焙～中焙豆為主，共有 7 種單一產區的咖啡豆。除了味道多樣化外，也不乏罕見的珍貴品種。老闆嶋勇也先生非常重視打造咖啡味道，為的就是希望能將咖啡豆最原始的味道呈現給大家。使用細研磨咖啡粉，設定好水溫、水量、悶蒸時間、注水速度，提取咖啡豆如葡萄柚般的酸甜味、宛如焦糖般的芳香味，以及充滿芒果的醇厚甜味。

店家主要提供使用濾紙萃取的「滴濾咖啡」。在嘗試各家品牌和型號的濾杯後，最終選擇能夠沖煮清爽口感的 KINTO 陶瓷濾杯。一般使用細研磨的淺焙咖啡粉時，細粉容易阻塞濾紙，但 KINTO 陶瓷濾杯的出水孔比較大，不僅方便咖啡液通過，也比較不容易產生雜味。

萃取配方也是幾經失敗後才終於成功。以前幾乎沒有預留悶蒸時間，而且注水時全集中在同一定點，完成後的咖啡液略顯厚重。但現在調整為悶蒸後分 2 ～ 3 次注水，口感明顯變得輕盈許多。

所有咖啡豆都能改用愛樂壓萃取。而店家採用的是將器具顛倒使用的反轉倒置法。優點在於萃取液不易滲漏，而且咖啡粉與熱水接觸時間長，有助於確實提取咖啡豆的原始風味。愈是含水率高的淺焙咖啡豆，甜味愈是明顯，即便溫度下降，依然可以感覺到甘甜韻味。

SHOP DATA
■ 地址／愛知県名古屋市中区丸の内 3-5-1 マジマビル 1•2F
■ TEL ／ 052（746）9134
■ 營業時間／ 7 時 30 分～ 19 時、週六日國定假日 9 時～ 18 時
■ 公休日／全年無休
■ 坪數、座位／ 36 坪（1、2F）、29 席
■ 平均客單價／ 850 日圓
■ URL ／ http://www.qolcoffee.com

METHOD – 1 / Q.O.L. COFFEE

Paper drip

重覆 20 秒左右的注水，打造澄清口感

【 味道 】

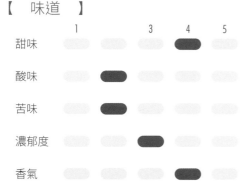

	1		3	4	5
甜味				●	
酸味		●			
苦味		●			
濃郁度			●		
香氣				●	

滴濾咖啡
500 日圓

濾紙濾材萃取的「滴濾咖啡」，一杯 500 日圓。使用中國雲南產的淺焙咖啡豆。清澈的萃取液更加突顯咖啡豆原有的青蘋果與櫻桃香，口中還會留下一股焦糖般的尾韻。

【 咖啡豆 】

**中國 雲南省 飛雞
斑馬莊園**
使用來自歷史悠久的中國咖啡產地所生產的水洗豆。帶有青蘋果和櫻桃香氣，口中還會瀰漫淡淡的焦糖風味。100g850 日圓。

【 器具 】

- 濾杯：（KINTO ／陶瓷材質）
- 濾紙濾材：
  （LUCKY COFFEE MACHINE）
- 濾杯架：（KINTO）
- 咖啡壺：（KINTO）
- 電子秤：（HARIO）
- 手沖壺：（FELLOW）

用 KINTO 陶瓷濾杯萃取淺度烘焙的中國雲南產咖啡豆。濾材方面使用味道不會影響萃取液的 BONMAC 濾紙，而手沖壺則使用能以固定水量注入相同位置的 FELLOW 手沖壺。

這杯滴濾咖啡使用中國雲南產的水洗豆，為了突顯咖啡豆原始風味，刻意研磨成細顆粒。

由於是淺焙咖啡豆，以 93℃的熱水萃取。若使用深焙咖啡豆，為避免逼出苦味，則將熱水溫度降至 89℃。萃取時講究咖啡豆與水溫之間的關係。

悶蒸後的第二、三次注水，像是攪拌咖啡粉般以上下搖動方式注水。一次注水時間約 20 秒，避免出現厚重感與雜味。咖啡液愈清澈，愈能感受到咖啡豆原有的風味。

中國產的水洗豆，再經過淺度烘焙，青蘋果和櫻桃的纖細風味愈加明顯。

【　萃取方式　】

【1杯份（萃取量：230ml）】
咖啡豆量：21g
熱水量：280ml
熱水溫度：93℃

步驟	累計時間	注水量
第一次注水（悶蒸）	0 秒～	40～50ml
第二次注水	40 秒～	130～140ml
第三次注水	1 分 30 秒～	70～100ml
第四次注水	2 分 30 秒～	0～30ml
完成	3 分鐘～3 分 30 秒	（萃取量）230ml

【　萃取過程　】

1 將裝置好濾杯的濾杯架擺在電子秤上，然後鋪好濾紙。先在濾紙上以繞圈方式澆淋熱水，目的在於避免濾紙味道滲透至萃取液中。

2 將細研磨的咖啡粉倒入濾杯中。

3 使用淺焙豆時，熱水溫度設定在 93℃；使用深焙豆時，為避免出現苦味，熱水溫度改為 89℃。開始以電子秤量秤。從中心向外畫圓注入熱水，浸濕所有咖啡粉後悶蒸。

4 從開始注入熱水的 40 秒後，進行悶蒸後的第二次注水。上下移動手沖壺的壺嘴，像是在攪拌濾杯中的咖啡粉。

5 濾杯中的熱水完全滴濾至咖啡壺後，以同樣方式進行第三次注水。第三次注水後，共計 250ml 的熱水。

6 大約 2 分 30 秒開始，咖啡粉中心處輕輕注入 30ml 熱水，用於校正水量。視萃取情況而定，可能第三次注水後就結束作業。

7 移開濾杯，輕輕搖晃咖啡壺使萃取液混合均勻。

METHOD - **2** / Q.O.L. COFFEE

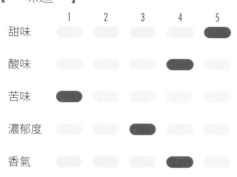

Airpressure

透過愛樂壓的反轉倒置法，
烘托淺焙豆的原始風味

【 味道 】

	1	2	3	4	5
甜味					●
酸味				●	
苦味	●				
濃郁度			●		
香氣				●	

（非飲品單品項）

除了「滴濾咖啡」，所有咖啡豆皆能使用「愛樂壓」萃取。更能突顯深層濃郁的風味。

【 咖啡豆 】

**哥倫比亞薇拉省
Independent 莊園
Acevedo 氏**

這是一批極為稀少的粉紅波旁（Pink Bourbon）咖啡豆。充滿紅肉葡萄柚、蔓越莓、石榴等清爽風味。100g1500 日圓。

※目前已經不再進貨。

【 器具 】

• 愛樂壓：（AEROBIE）
• 咖啡壺：（KINTO）
• 電子秤：（HARIO）
• 手沖壺：（BREWISTA）

在『Q.O.L. COFFEE』店裡，所有咖啡豆都能改用愛樂壓萃取。而使用愛樂壓萃取時，則採用將器具顛倒裝置的反轉倒置法。咖啡粉和熱水接觸時間變長，更能烘托出咖啡豆深層濃郁的風味。據說這也是一種非常適合淺焙豆的萃取方式。

另一方面，使用愛樂壓萃取咖啡液時，水溫的些微差異就足以影響味道，所以店裡使用能夠設定溫度（可微調 1℃）的 Brewista 溫控手沖壺，精準地將水溫調整為 93℃。

咖啡豆用量和濾紙滴濾萃取時一樣，由於咖啡液含有油脂，為了更加突顯風味，研磨咖啡豆時讓細顆粒中也保留一些粗顆粒。分三次注水，過程中注意攪拌和清除浮渣，並且留意按壓速度。

愈是含水率高的淺焙咖啡豆，使用愛樂壓萃取時，甜味愈是明顯，即便咖啡溫度逐漸下降，依舊能夠享用甘甜韻味。

【　萃取方式　】

☕ 【1 杯份（萃取量：210ml）】
　　咖啡豆量：21g
　　熱水量：250ml
　　熱水溫度：93℃

步驟	累計時間	注水量
注水＋使用可撓式攪拌棒攪拌＋悶蒸	0 秒～	50ml
注水＋使用可撓式攪拌棒攪拌	30 秒～	100ml
注水	1 分 10 秒左右～	100ml
撈取浮渣	2 分鐘左右～	
將器具上下顛倒，將壓桿向下壓	3 分鐘～	
完成	4 分鐘～ 4 分 20 秒	（萃取量）210ml

【　萃取過程　】

1 以壓桿在下，濾筒在上的方式組裝好器具，先用熱水溫熱器具後再倒入咖啡粉。

2 開始以電子秤量測重量，注入 50ml 的 93℃熱水，淋濕所有咖啡粉。

3 使用可撓式攪拌棒攪拌 3 次後靜置悶蒸。

4 30 秒後，一手轉動器具，一手持手沖壺注入 100ml 熱水。

5 使用可撓式攪拌棒慢慢且小心攪拌，共 3 次，讓浮在表面的咖啡粉充分與熱水結合。

5 1 分 10 秒左右開始追加注入 100ml 熱水，2 分鐘左右時用湯匙撈除表面浮渣。

7 3 分鐘後，裝上讓熱水可以通過的濾蓋，安裝時盡量小心不要晃動裡面的咖啡粉和熱水。

8 將咖啡壺倒扣在濾蓋上，再將整組器具上下翻轉。雙手將壓桿慢慢向下壓，直到聽到空氣排出的聲音。

[東京・富ヶ谷]

ザ コーヒーショップ

THE COFFEESHOP

Metal drip　Airpressure　Frenchpressure

在 3 種能夠提取咖啡豆獨特個性的萃取法中，最基本的手沖法所使用的濾材是步驟少且簡單的金屬濾網。

THE COFFEESHOP 開幕於 2013 年。自家烘焙咖啡豆，既是批發商，同時也零售給一般顧客。照片中為擔任經理職務的萩原大智先生。

使用萃取方式簡單且幾乎零失敗的法式濾壓壺。直接萃取素材風味，讓顧客享用具 COE（卓越杯）等級的品質與個性傑出的咖啡豆美味。

萃取時間短且咖啡液清澄爽口的萃取法是愛樂壓法。風味迷人且鮮明，正好適用於想要品嚐具華美富麗感受的咖啡時。

避免走味，推廣居家喝咖啡。
活用咖啡豆個性，3 種冰咖啡萃取法

　　位於東京‧富ヶ谷的『THE COFFEESHOP』，前身是店代表萩原善之介和朋友於 2011 年在東京代官山開設的純咖啡館（現已結束營業），後來於 2013 年在現址經營自家烘焙咖啡豆兼精品咖啡專賣店。

　　『THE COFFEESHOP』是咖啡豆批發商，但也因為以一般市民為對象，提供每月宅配咖啡豆服務而廣受好評。另一方面，店家也會不定期在官方網站上刊登自撰寫的萃取方法與萃取器使用心得，再加上自行研發販售的濾掛式咖啡，更是吸引不少熱情粉絲的大力支持。

　　店家標榜無論使用哪一種萃取方式，都能確實提取咖啡豆原有的甘甜味。

　　店經理萩原大智先生表示「大家普遍認為冰咖啡又濃又苦，而且近年來推出咖啡帶有清爽酸味的店家如雨後春筍般林立，然而本店自 2018 年起著眼於咖啡甜味，開始採用能夠活用咖啡豆個性的萃取方法。我個人認為好喝的精品咖啡除了酸味，應該也要包含紮實的甜味。」

　　在 P46 ～ P51 中，萩原先生將各配合豆的特徵，教導大家三種最能提取咖啡豆獨特個性的萃取方法。這三種方法各是手沖法、愛樂壓法和法式濾壓壺法。

　　為了鼓勵客人居家品嚐咖啡，萩原先生特別構思這 3 種步驟簡單且幾乎零失敗的萃取方法。這種作法不僅單純為客人著想，也為了減輕營運負擔，並且減少因工作人員的不同而產生咖啡走味的風險。

SHOP DATA

■ 地址／東京都渋谷区富ヶ谷 2-22-12

■ TEL ／ 03（6407）1344

■ 營業時間／ 9 時～ 17 時

■ 公休日／全年無休

■ 坪數、座位／ 12 坪、4 席

■ 平均客單價／ 400 ～ 500 日圓（內用）

■ URL ／ https://www.thecoffeeshop.jp/

METHOD – 1 / THE COFFEESHOP

Metal drip

金屬濾網萃取，
急冷式冰咖啡

【 味道 】

	1	2	3	4	5
甜味					●
酸味		●			
苦味			●		
濃郁度					●
香氣				●	

夏季限定商品
綜合冰咖啡 2021
520 日圓

於烘豆階段就提取甘甜味的配方豆（冰咖啡專用）。使用冰塊冷卻咖啡液的急冷式萃取法，更加能夠突顯咖啡的甜味。

【 咖啡豆 】

夏季限定商品
綜合冰咖啡 2021
綜合冰咖啡所使用的咖啡豆，每年都會進行更換，今年使用的是衣索比亞、哥倫比亞、巴西的配方豆。

【 器具 】

- 濾杯：
「金屬咖啡濾網」
（able KONE FILTER）
- 濾杯：
「V60 磁石 02 濾杯」
（HARIO）
- 咖啡壺：
「V60 雲朵咖啡壺 600」
（HARIO）
- 手沖壺：「ACTY 溫控電熱水壺」
（Vitantonio）
- 電子秤：
「手沖咖啡電子秤 Pearl Mode」
（acaia）

『THE COFFEESHOP』採用的冰咖啡萃取法中，最基本的技法是濾杯手沖萃取，搭配使用金屬濾網。

置於咖啡豆方面，使用於烘豆階段就已經提取甜味的冰咖啡配方豆「綜合冰咖啡 2021」。藉由手沖萃取方式突顯甜味。

如同這次的操作方式，將冰塊放入咖啡壺中，進行急冷式萃取時，最重要的關鍵步驟是悶蒸。急冷式萃取的特點是粉量多且水量少，悶蒸時若熱水無法確實覆蓋咖啡粉，風味容易受到影響。因此注入熱水時，水柱務必細小且放慢速度，確保所有咖啡粉與熱水能夠融合在一起。

另一方面，由於使用金屬濾網，在萃取過程的後半段容易產生濾網阻塞現象，這時要立即處理卡粉問題，確保在時間內完成萃取。

【　萃取方式　】

【1 杯份（萃取量：約 250ml）】
咖啡豆量：27g
熱水量：200ml（冰塊 130g）
熱水溫度：92℃

步驟	累計時間	注水量
第一次注水（悶蒸）	0 秒～ 45 秒	40ml
第二次注水	45 秒～ 55 秒	40ml
第三次注水	1 分 5 秒～ 1 分 15 秒	40ml
第四次注水	1 分 25 秒～ 1 分 35 秒	40ml
第五次注水	1 分 45 秒～ 1 分 55 秒	40ml
第六次注水	2 分 5 秒～ 2 分 15 秒	40ml
完成	2 分 30 秒～ 2 分 45 秒	約 250ml

【　萃取過程　】

1
咖啡壺裡放入冰塊，上面擺放濾杯和金屬濾網。將咖啡粉倒入濾網中並稍微鋪平。

2
一開始是悶蒸作業。倒入 40ml 的 90 ～ 94℃熱水，悶蒸 45 秒。

3
悶蒸結束後，分 5 次注入熱水並萃取咖啡液。每次都以 10 秒鐘時間注入 40ml 熱水，然後靜待 10 秒。重複相同步驟，共注入 200ml 熱水。

4
進行後半段作業時，咖啡粉會逐漸阻塞濾網。若感覺來不及在時間內完成萃取，請將濾網呈水平狀態向上抬起，然後鬆手讓濾網自然落至濾杯中，進行「填壓」動作以促使萃取。

5
大約 2 分 30 秒時移開濾杯，攪拌咖啡液後注入裝有冰塊的玻璃杯中。

METHOD - **2** / **THE COFFEESHOP**

Airpressure

愛樂壓反轉倒置法，萃取清澈爽口冰咖啡

【 味道 】

	1	2	3	4	5
甜味				●	
酸味					●
苦味	●				
濃郁度		●			
香氣					●

盧安達／
Remera 日曬豆
520 日圓

店裡烘焙程度最淺的淺焙豆所沖煮的咖啡。特徵是帶有杏桃與紅茶風味，水果茶般的花香味令人留下深刻印象。

【 咖啡豆 】

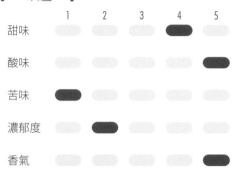

盧安達／ Remera 日曬豆
這是店家經手的所有咖啡豆中，烘焙程度最淺的一種。充滿杏桃與紅茶風味，清爽的水果茶花香味令人留下深刻印象。

【 器具 】

・愛樂壓（AEROBIE）

配合清爽口感的盧安達咖啡豆，選擇最簡潔俐落的愛樂壓萃取法。相比於其他萃取方式，愛樂壓法的萃取時間短，風味更明顯。想要來一杯充滿優雅風情的咖啡時，推薦選擇愛樂壓咖啡。

愛樂壓有 2 種使用方法，直立式法與反轉倒置法，這裡將為大家介紹反轉倒置萃取法。

萩原先生說「『反轉倒置法』顧名思義就是將愛樂壓本體顛倒使用。優點是不會因為一開始的咖啡液滲漏而造成萃取不均，進而影響最終味道。」

另外還有一個重要關鍵，就是悶蒸作業。雖然沒有嚴格規定悶蒸時間，但攪拌棒攪拌其實就是悶蒸作業，所以務必確實攪拌。採用反轉倒置法的情況下，最後將愛樂壓上下顛倒時，務必用雙手牢牢抓穩濾筒和壓桿，防止咖啡液從接合處滲漏出來。

【　萃取方式　】

【1杯份（萃取量：約250ml）】
咖啡豆量：24g
熱水量：200ml（冰塊130g）
熱水溫度：94℃

步驟	累計時間	注水量
第一次注水	0～10秒	100ml
攪拌	10秒～20秒 10次	
第二次注水	20秒～30秒	100ml
浸漬	30秒～1分鐘	90ml
壓濾網	1分鐘～1分30秒	
完成		約250ml

【　萃取過程　】

1 咖啡壺裡放入冰塊，上面擺放漏斗。先用熱水輕輕沾濕金屬濾網之後再裝置於濾蓋上。

2 將壓桿（內筒）和濾筒（外筒）組合在一起，以壓桿位於下方的方式擺在電子秤上。從上方倒入咖啡粉。

3 開始計時並同時注入100ml熱水。使用可撓式攪拌棒攪拌10次。

4 然後再次注入100ml熱水，蓋上濾蓋後靜置到1分鐘。

5 1分鐘後，將整組愛樂壓上下顛倒扣於擺在咖啡壺上的漏斗上面，輕輕將壓桿向下壓。訣竅在於慢慢向下壓，大約30秒的時間。

6 聽到空氣排出的聲音即可停止，然後移開愛樂壓。

7 確實攪拌咖啡壺中的萃取液，冷卻後就完成了。最後注入裝有冰塊的玻璃杯中。

METHOD - **3** / **THE COFFEESHOP**

Frenchpressure

直接感受到素材的美味，法式濾壓壺萃取冰咖啡

【 味道 】

	1	2	3	4	5
甜味					●
酸味				●	
苦味		●			
濃郁度				●	
香氣					●

薩爾瓦多／
COE2019 # 25 Las Ninfas
670 日圓

榮獲 2019 年 COE（卓越杯）大獎，經日曬處理的精品咖啡豆所調製的咖啡，特色是充滿獨特的熱帶風情風味。

【 咖啡豆 】

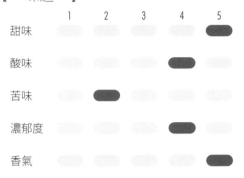

薩爾瓦多／
COE2019 # 25 Las Ninfas
相當受到咖啡迷喜愛的帕卡瑪拉品種，透過競賣會批量採購。最大特色是充滿焦糖、熱帶水果、香草、蔓越莓等多種風味，以及光滑柔順的口感。

【 器具 】

- 法式濾壓壺：
  「BODUM COLUMBIA 法式濾壓壺」
  （BODUM）
- 手沖壺：「ACTY 溫控電熱水壺」
  （VITANTONIO）
- 電子秤：
  「手沖咖啡電子秤 Pearl Mode」
  （acaia）

萩原先生表示法式濾壓壺的魅力在於萃取方式十分簡單，幾乎是零失敗。

「這是一種能夠直接萃取素材美味的方法。搭配使用 COE 獲獎的高品質咖啡豆，無須添加或削減，就能直接品嚐美味。」

店家使用的是 BODUM COLUMBIA 不鏽鋼法式濾壓壺。

「不僅是因為喜歡這個法式濾壓壺的外觀設計，也因為不鏽鋼材質具有良好的保溫效果。尤其在熱水容易變冷的冬天裡，使用保溫性佳的萃取器能夠有效避免咖啡液走味。」

法式濾壓壺的萃取方法非常簡單，但「悶蒸」作業占有一席重要地位。萩原先生說「為了讓熱水充分接觸咖啡粉，並非將法式濾壓壺靜置不動，而是要拿在手上輕輕搖晃並慢慢注入熱水。」這樣才能讓咖啡粉與熱水完全結合在一起，減少味道變質的情況發生。

【　萃取方式　】

【1杯份（萃取量：約250ml）】

咖啡豆量：24g

熱水量：200ml（冰塊130g）

熱水溫度：94℃

步驟	累計時間	注水量
第一次注水（悶蒸）	0～30秒	100ml
第二次注水	30秒～40秒	100ml
靜置	40秒～4分鐘	
將壓桿向下壓，倒入裝有冰塊的咖啡壺中急速冷卻	4分鐘～4分10秒	
完成		約250ml

【　萃取過程　】

1 萃取前先在濾壓壺中倒入熱水保溫。壺身溫熱後倒掉熱水。

2 將法式濾壓壺擺在電子秤上，然後倒入咖啡粉。

3 注入100ml熱水並且開始計時。拿起濾壓壺輕輕轉圈搖晃，以畫圖方式注入熱水讓咖啡粉與熱水充分結合。然後悶蒸30秒。

4 悶蒸結束後，再次注入100ml熱水。

5 注入熱水之後蓋上濾壓器壓桿，靜置4分鐘。在這段期間，先取130g冰塊放入咖啡壺中。

6 4分鐘過後，慢慢將壓桿濾壓器向下壓。按壓速度過快容易造成咖啡粉四處流動，這一點請特別留意。

7 壓桿濾壓器壓至壺底後，將咖啡液倒入裝有冰塊的咖啡壺中。

8 攪拌使其急速冷卻。若不喜歡有咖啡微渣，可以在步驟 7 時，另外取濾網過濾咖啡液。

［愛知・名古屋］

マナブコーヒー

manabu-coffee

福田學先生。曾於精品咖啡名店「ペギー珈琲店」（名古屋）服務超過 10 年以上，不斷磨練濾布滴濾手沖咖啡的技巧與烘豆技術。於 2016 年 12 月開始經營自家烘豆咖啡店『manabu-coffee』。

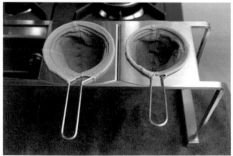

特別訂製的濾布過濾器。講究適合的深度與大小。濾布外側有拉絨設計，方便平時的清潔保養。

味道醇厚且溫潤的濾布滴濾手沖咖啡。手沖步驟依照咖啡豆的烘焙程度進行調整，僅萃取最美味的成分。

依照烘豆程度使用濾布滴濾萃取，
展現具深度的醇厚濃稠味道

『manabu-coffee』以既能享受悠閒愉悅的音樂，又能品嚐自家烘豆正統咖啡而深受好評。吧台裡站的正是醉心於濾布滴濾手沖咖啡，並且曾經在精品咖啡名店累積經驗的福田學先生。

店裡所有咖啡品項都是濾布滴濾手沖咖啡，有 7 種咖啡豆供客人選擇，從淺焙且充滿果香味的衣索比亞咖啡豆、中焙且充滿堅果香氣的巴西咖啡豆到深焙的招牌曼特寧應有盡有，主要都是單一產區咖啡豆。福田先生說「優先使用美味且高品質的精品咖啡豆，活用咖啡豆的特性進行烘焙，再依照烘焙程度進行萃取。我們相當重視濾布滴濾特有的醇厚與濃稠感，以及極具層次與深度的美味。」

相對於濾紙滴濾的清爽、輕盈口感，使用布製的濾布滴濾比較能夠萃取濃郁的咖啡液，添加牛奶時，味道會更顯圓潤滑順。由於濾布滴濾速度慢，有助於透過注水方式控制萃取濃度。使用自學徒時已經用習慣的萃取器，並且特別訂製講究深度與大小的濾布。安裝濾布的金屬器具特別加裝把手，更有助於控制注水角度。

接下來為大家介紹基本萃取步驟，以及濃厚的濃縮咖啡萃取方式。

依照咖啡豆的烘焙程度調整萃取配方，只萃取咖啡豆最美味的成分。以淺焙豆為例，為了萃取咖啡豆原有酸味，刻意降低熱水溫度，並且以大水柱萃取，這同時也能避免咖啡液的酸味濃度過高。而使用深焙豆時，則提高熱水溫度，並且以小水柱慢慢萃取。悶蒸後第一次注水，盡量萃取高濃度咖啡濃縮液，第二次注入一定分量的熱水，然後再進行第三次注水，調整最終萃取量。

另一方面，為咖啡愛好者準備的「小杯滴濾咖啡」，以近似點滴方式注入熱水，慢慢融出高濃度的咖啡濃縮液。

SHOP DATA

■地址／愛知県名古屋市中区千代田 3-17-12 ヴィラ シルクローヤル 1F

■ TEL ／ 052（323）2016

■營業時間／ 10 時～ 20 時（六日國定假日～ 18 時）

■公休日／週三

■坪數、座位／ 18 坪、16 席

■平均客單價／ 600 日圓

METHOD - **1** / **manabu-coffee**

Nel drip

使用低溫熱水延長熱水與咖啡粉接觸時間，促使咖啡豆散發原始風味

【 味道 】

	1	2	3	4	5
甜味				●	
酸味				●	
苦味		●			
濃郁度			●		
香氣				●	

濾布滴濾手沖咖啡
500 日圓～

充滿淺焙豆特有的水果酸味，以及濾布滴濾專屬的醇厚濃稠感與甜味。

【 咖啡豆 】

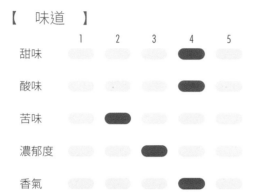

衣索比亞
耶加雪菲 G2
以品質佳聞名的耶加雪菲地區所盛產的摩卡咖啡豆。充滿水果茶般的優雅酸味與香氣。100g600 日圓。

【 器具 】

・濾布過濾器：（自家製造）
・咖啡壺：
「仔犬印高級不鏽鋼茶壺」
（已停產）
・手沖壺：（TAKAHIRO）

　店裡的濾布滴濾手沖咖啡，基本萃取配方為使用 15g 咖啡豆萃取 140ml 咖啡液。透過將咖啡豆研磨成粗顆粒來抑制雜味產生。

　這道咖啡品項使用的是淺焙咖啡豆「衣索比亞・耶加雪菲」。為了促使散發咖啡豆原有的酸味，刻意調降熱水溫度至 90℃。但同時為了避免酸味濃度過高，以大水柱加速注水。當熱水積在濾布裡，便能拉長咖啡粉與熱水的接觸時間，也就能確實萃取咖啡特有的風味。除此之外，也要稍微拉長悶蒸時間。

　另一方面，使用深焙豆時，為了激發產生苦味，提高熱水溫度至 95℃，並且同樣拉長悶蒸時間。然後改以細水長流的方式注水，慢慢萃取咖啡液。

　使用中焙豆時，則縮短悶蒸時間，注水的水柱大小介於使用淺焙豆和深焙豆之間。然而無論使用哪一種烘焙程度的咖啡豆，悶蒸後的第一次注水，要盡量萃取高濃度的咖啡濃縮液，第二次注入一定分量的熱水，然後再進行第三次注水，調整最終萃取量。

【 萃取方式 】

【1杯份（萃取量：140ml）】
咖啡豆量：15g
熱水量：適宜
熱水溫度：90℃

步驟	訣竅	注水量
第一次注水	咖啡粉淋濕	
悶蒸	（20～30秒）	
第二次注水	大水柱注水	
第三次注水	〃	
第四次注水	〃	
完成	全部滴濾完之前移開過濾器	（萃取量）140ml

【 萃取過程 】

1
使用 15g 的咖啡豆，萃取出 140ml 咖啡液。將咖啡豆研磨成略粗顆粒，然後放入濾布過濾器中。

2
將沸騰的熱水倒入手沖壺或咖啡壺中，讓水溫下降至適宜溫度。這次使用淺焙豆，熱水溫度設定為 90℃。若使用深焙豆，則將熱水溫度提高至 95℃。

3
第一次注水淋濕咖啡粉，然後悶蒸 20～30秒。淺・深焙豆的悶蒸時間略長，中焙豆則稍微縮短一些。

4
第二次注水，從中心處向外側以繞圈方式注入熱水。使用淺焙豆時，水柱稍微大一些。用左手提起過濾器把手，調整角度以利注水。

5
第三、四次注水都是同樣方式，但第四次注水時稍微調整一下最終萃取量。使用淺焙豆時，注水量多於萃取量，熱水容易積聚在咖啡粉上。使用深焙豆時，則務必控制注水間隔和注水方式，讓熱水和萃取液以同樣速度落下。

6
萃取量達 140ml 時，在熱水全部滴濾完之前移開過濾器。

7
再次加熱咖啡壺裡的咖啡液 8～10 秒（冬季則稍長些），趁熱端上桌。若客人要添加牛奶和砂糖，為避免降溫速度太快，則稍微延長一下加熱時間。

METHOD - **2** / **manabu-coffee**

Nel drip

低溫熱水沖煮，
一滴滴萃取小杯濾布滴濾咖啡

【 味道 】

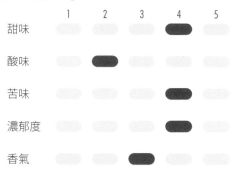

	1	2	3	4	5
甜味				●	
酸味		●			
苦味				●	
濃郁度				●	
香氣			●		

小杯濾布滴濾咖啡
600 日圓

濃厚的層次感和怡人
的苦味，最後還會留
下黑巧克力般的淡淡
香甜尾韻。

【 咖啡豆 】

印度尼西亞・曼特寧 G1
最能代表印尼咖啡的「曼特寧」咖
啡豆中，最高等級以 G1 表示。使
用深焙豆調製的咖啡是店裡最受歡
迎的招牌咖啡。特色是具深度的高
雅風味與香氣。100g700 日圓。

【 器具 】

·濾布過濾器：（自家製造）

·咖啡壺：
「仔犬印高級不鏽鋼茶壺」
（已停產）

·手沖壺：（TAKAHIRO）

　『manabu-coffee』除了一般濾布滴濾手沖咖
啡，還有為咖啡愛好者特別準備的濃縮「小杯
濾布滴濾咖啡」。絲毫不小氣地使用 24g 咖啡
豆，萃取 90ml 咖啡液。

　像黑巧克力般，充滿苦味、濃郁的甜味與濃
稠感，一杯將美味全部濃縮起來的咖啡。

　雖然深焙豆原本就帶有苦味，但咖啡粉用量
較一般濾布滴濾手沖咖啡多，更容易出現苦
味，因使刻意降低熱水溫度至 90℃。延長悶
蒸時間讓咖啡粉確實釋放味道，之後再以蜻蜓
點水般的點滴方式注水，讓咖啡粉緊緊含住
水，再慢慢融出咖啡濃縮液。祕訣就是延長咖
啡粉與熱水的接觸時間。

　萃取後的咖啡液連同咖啡壺一起置於火源上
加熱數秒，然後趁熱端上桌。舌尖品嚐醇厚的
濃縮咖啡之前，先用鼻子享受一下豐富厚實的
香氣。

【　萃取方式　】

【1杯份（萃取量：90ml）】
咖啡豆量：24g
熱水量：適宜
熱水溫度：90℃

步驟	訣竅	注水量
第一次注水	淋濕咖啡粉	
悶蒸	（約30秒）	
第二次注水	以點滴般的小水柱注水	
第三次注水	像是戳破氣泡般的方式注水	
第四次注水	〃	
完成	全部滴濾完之前移開過濾器	（萃取量）90ml

【　萃取過程　】

1
有1杯和2杯專用的濾布過濾器。調製小杯滴濾咖啡時，由於咖啡粉用量較多，為了讓咖啡粉與熱水充分結合，通常會使用2杯專用的濾布過濾器（左）。

2
以大量24g的咖啡粉，萃取1杯分量的90ml咖啡液。咖啡豆研磨成略粗顆粒，倒入濾布過濾器中。

3
將沸騰的熱水倒入手沖壺或咖啡壺中，讓水溫下降至適宜溫度。使用深焙豆的情況下，為避免萃取成小杯滴濾咖啡時苦味會較為強烈，刻意調降熱水溫度至90℃。

4
第一次注水淋濕咖啡粉，然後悶蒸30秒。

5
第二次注水，從中心處向外側繞圈，點滴式注入熱水。用左手提起過濾器把手，調整角度以利注水。

6
為了延長咖啡粉與熱水的接觸時間，像是要戳破氣泡般緩緩注入熱水。第三、四次注水都是同樣方式，但第四次注水時切記稍微調整一下最終萃取量。

7
萃取量達90ml時，在熱水全部滴濾完之前移開過濾器。

8
再次加熱咖啡壺裡的咖啡液2～3秒（冬季則稍長些），趁熱端上桌。若客人要添加牛奶和砂糖，為避免降溫速度太快，則稍微延長一下加熱時間。

［東京・銀座］

バール・デルソーレ

GINZA BAR DELSOLE 2Due

METHOD-1

Espresso

『銀座 BAR DELSOLE 2Due』副店長渡部祐子小姐，福岡縣福岡市人。2009 年進入 Fortuna 股份有限公司服務，經『武蔵小杉 BAR DEL SOLE』副店長職務後，目前為銀座這家咖啡店的副店長。曾榮獲「Barista Grand Prix2021」冠軍。

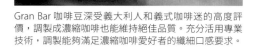

基於想要調製一杯充滿厚實感且苦味與酸味平衡的義式濃縮咖啡，不斷尋找適合的咖啡豆。東尋西覓的結果，終於找到創業於 1937 年，位於義大利北部倫巴底的烘豆所「MILANI」烘焙的「Gran Bar」咖啡豆。

Gran Bar 咖啡豆深受義大利人和義式咖啡迷的高度評價，調製成濃縮咖啡也能維持絕佳品質。充分活用專業技術，調製能夠滿足濃縮咖啡愛好者的纖細口感要求。

按照 IIAC、IEI 的嚴格基準，
萃取正統義大利濃縮咖啡

『BAR DELSOLE』以正統義大利酒吧的設計概念吸引不少人潮前來朝聖。義式濃縮咖啡也依照義大利傳統手法調製，而這個手法完全按照義大利 IIAC（國際義大利咖啡品鑑協會）‧IEI（義大利濃縮咖啡協會）的規定。首先是：

一定要混合 5 種以上的咖啡豆。

單份濃縮咖啡 1 杯使用 7g±0.5g 的咖啡豆。

以 9 大氣壓（9bar）、90 度熱水萃取。

萃取時間為 25 秒 ±2.5 秒。

萃取後的濃縮咖啡倒入咖啡杯時的溫度為 63℃ ±3℃。

萃取量為 25ml±2.5ml。

至於咖啡杯，必須使用口徑 5cm ～ 6cm，滿杯量 50 ～ 70ml 的杯子。

如上所示，為了萃取最道地的義式濃縮咖啡，務必謹守這些嚴格規定。

對於這些規定，咖啡師渡部祐子小姐表示「我認為身為咖啡師職人，就是應該吧台裡操作濃縮咖啡機時，藉由與客人之間的對話交流，為客人調製最符合其口味的美味咖啡。在修業期間，不僅習得沖煮技術與咖啡豆相關知識，也深入瞭解各地區的不同味道和自己的味覺，以及隨之而來的化學反應。據說成為一名能夠獨當一面的咖啡師需要花費 10 年的時間。而自從學會調製濃縮咖啡後，我每天致力於將義式濃縮咖啡的美妙與咖啡師的高超技術忠實傳達給客人。先前所說的 IIAC 和 IEI 的嚴格基準，更是正確傳達濃縮咖啡魅力給客人的先決條件，是非常重要的準則，我也將依循這個準則，致力於萃取美味咖啡。」

SHOP DATA

■ 地址／東京都中央区銀座 2-4-6　銀座 Velvia 館 1 階

■ TEL ／ 03（5159）2020

■ 營業時間／ 11 時～ 23 時（最後點餐時間 22 時 30 分）

■ 公休日／全年無休

■ 坪數、座位／ 20 坪、33 席

■ 平均客單價／晝 1000 日圓、夜 2500 日圓

■ URL ／ https://www.delsole.st/shopinfomation/ginza2due/

METHOD – 1 / **GINZA BAR DELSOLE 2Due**

Espresso

重視客人的需求，
根據口味偏好萃取義式濃縮咖啡

【 味道 】

	1	2	3	4	5
甜味		●			
酸味			●		
苦味				●	
濃郁度				●	
香氣					●

※以 IIAC 國際咖啡品鑑大賽的準則來評估店裡的咖啡味道。

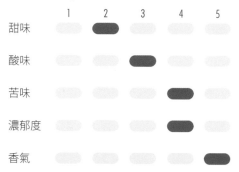

單份濃縮咖啡
220 日圓

使用「Gran Bar 咖啡豆」，並以義大利當地使用的方式萃取。這種濃縮咖啡帶有巧克力和榛果的香氣，而且香味持續很久。特色是酸味與甜味均衡，充滿豐富的味道與香氣。

【 咖啡豆 】

MILANI「Gran Bar 咖啡豆」
這是義式濃縮咖啡的專用咖啡豆，混合巴西、衣索比亞、薩爾瓦多、哥倫比亞、波多黎各、巴布亞紐幾內亞、瓜地馬拉 7 國咖啡豆的配方豆。含 70％阿拉比卡品種和 30％羅布斯塔品種。深城市烘焙豆。1kg5184 日圓。

【 器具 】

・義式濃縮咖啡機：
（LA CIMBALI）
※目前使用 RANCILIO SPECIALTY RSI-2G

・磨豆機（LA CIMBALI）

Espresso 有「迅速、急速」的意思，不僅能夠急速萃取，也包含有立即呈現的意思。在義大利當地，從點餐、萃取到端上桌若超過 1 分鐘，就稱不上是義式濃縮咖啡。

另外，有一個詞彙「espressamente」，意思是特別為您準備，並非單純使用咖啡豆萃取義式濃縮咖啡，而是根據客人的需求，萃取他們喜歡的口感與風味。

根據『BAR DELSOLE』咖啡師渡部祐子小姐的說法，面對一杯義式濃縮咖啡的點餐，一流咖啡師能夠構思出 10 種萃取方式。

「透過與客人對話交流，我們大概就可以知道對方的職業與喜好，然後再根據這些資訊，調整 3 至 4 次的敲粉次數，以及填壓力道。據說被稱為名師的高級工匠咖啡師，甚至能夠提供 40 多種萃取方式」。

【 萃取方式 】

【單份（萃取量：25ml ± 2.5ml）】
咖啡豆量：7g ± 0.5g
氣壓：9 氣壓
熱水溫度：90℃

步驟	累計時間	注水量
自咖啡機的沖煮頭取下沖煮把手，將咖啡渣清乾淨		
將使用磨豆機研磨好的咖啡粉填入沖煮把手的粉杯中		
填壓使咖啡粉緊實且平整		
萃取	～ 25 秒± 2.5 秒	
完成		25ml ± 2.5ml

【 萃取過程 】

1
通常製作完一杯濃縮咖啡後，不會立即取下填塞咖啡粉的沖煮把手，直到下次有客人點餐時，才會自沖煮頭取下來清洗。

2
將沖煮把手在咖啡渣桶上輕敲，清除殘留在粉杯裡的咖啡渣。萃取前才操作這項作業，是為了利用咖啡渣的除臭效果來避免粉杯的金屬味轉移至濃縮咖啡中。

3
將沾在沖煮把手邊緣的咖啡渣擦拭乾淨後，將沖煮把手置於研磨托架上，填入研磨好的咖啡粉。通常會於客人點餐後才開始作業，但為了不讓客人等太久，會事先將一定分量的咖啡豆放入豆槽中備用。

4
輕敲沖煮把手的粉杯，讓杯內咖啡粉的厚度一致。

5
進行填壓作業，讓粉杯內的咖啡粢實且平整。講求速度的店家通常會使用填壓器輔助。咖啡粉傾斜容易影響萃取的流暢性，務必讓咖啡粉平整且厚度均一。另外，也可以依照客人的偏好，透過填壓器的鬆緊來改變咖啡風味。

6
將沾附於粉杯邊緣的咖啡粉擦拭乾淨，重新安裝至沖煮頭上，然後按下開始按鍵。

7
大約 4 ～ 5 秒後才會開始流出萃取液，利用這段時間擺好盛接濃縮咖啡液的咖啡杯。

[福岡・小倉]

焙煎屋 森山珈琲 中津口店

METHOD-1　METHOD-2

Paper drip　Nel drip

ORIGAMI 摺紙濾杯搭配 KALITA 波浪濾紙一起使用。

根據咖啡豆產地、個性和烘焙程度來選擇萃取方式，但基本上，若客人有特別偏好的咖啡豆，也會盡可能以適當的萃取方式處理。

店長森山利忠先生常年致力於在福岡推廣精品咖啡。2018 年參加「烘焙團體挑戰賽（Roast Masters Team Challenge）」，勤奮學習的態度眾所皆知。

使用 Ibrahim mocha 咖啡豆萃取小杯滴濾咖啡。推薦使用萃取液中能夠保留適度油脂的濾布滴濾法。使用深焙豆萃取，有助於增加咖啡液的厚實感。

從浸漬式和滴濾式多樣萃取方式中，
架構專屬於自己的萃取理論

『森山珈琲』創業於 40 年前，原本主打虹吸式咖啡，之所以在九州咖啡業界享有盛名，全多虧老闆森山利忠先生的強烈探究精神。森山先生致力於根據濾布、濾紙、咖啡豆品牌和烘焙程度等各種參數，不斷研究、實踐咖啡萃取方式。甚至於大約 30 年前開始著手自家烘焙豆，從各個面向認真對待咖啡大小事。

讓森山先生有如此轉變的契機是美食家咖啡（可說是精品咖啡的前身）。森山先生說「透過 1997年聯合國推出的美食家咖啡企劃，我深刻體驗到咖啡生豆的品質差異。一旦體驗過高品質的咖啡味道，自然而然地就想要經手精品咖啡。」於是，當直接從生產者共同採購高品質咖啡豆的採購團「C-COOP」剛成立，他就立刻申請加入，直到現在也還是經由同樣路徑採購咖啡生豆。而自從店裡改用精品咖啡豆後，森山先生開始挑戰使用法式濾壓壺、濃縮咖啡機、愛樂壓等各種萃取器。現在，當我們來到店裡享用咖啡時，我們可以透過選擇不同萃取方式，體驗各種萃取方式打造的多樣化咖啡美味。

除了多種萃取器具，咖啡豆種類也不遑多讓，光是單一產區咖啡豆，店裡隨時都備有 12 種之多。來自尼加拉瓜、巴西、瓜地馬拉、薩爾瓦多等中南美洲的咖啡豆，來自肯亞、盧安達、衣索比亞等非洲的咖啡豆，以及積極引進後起之秀的印度精品咖啡豆。其中包含 COE（卓越杯）得獎咖啡豆、ibrahim mocha 等稀有咖啡豆，客人能夠盡情享用各式各樣的精品咖啡。咖啡豆的烘焙程度也非常多樣化。除了精品咖啡豆，店家也提供 100g500 日圓價格親民的配方豆，一次滿足所有客人的需求。這樣的經營模式正是森山先生成功擴展咖啡店規模的原因之一。

SHOP DATA

■地址／福岡県北九州市小倉北区宇佐町 1-3-35

■TEL ／ 080（2793）6842

■營業時間／ 12 時～ 19 時（最後點餐時間）

■公休日／週日、年初年末、盂蘭盆節。國定假日不定期店休

■坪數、座位／ 9 坪、5 席

■平均客單價／店內飲用 600 日圓、咖啡豆 2000 日圓

■URL ／ http://coffeemoriyama.com

METHOD - 1 ／ 焙煎屋 **森山珈琲** 中津口店

Paper drip

絲毫不浪費咖啡成分，
徹底活用濾杯濾材

【 味道 】

	1	2	3	4	5
甜味				●	
酸味			●		
苦味	●				
濃郁度				●	
香氣				●	

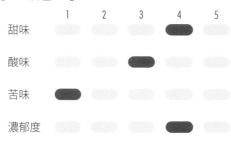

使用濾紙的滴濾咖啡
（HOT）
600 日圓

咖啡豆原有的水果酸味與香料香氣在入口的瞬間立即蔓延。使用濾紙滴濾，增加透明感也讓口感更加滑順。

【 咖啡豆 】

印度
在精品咖啡豆的規格中，印度原產生豆算是極為罕見。最大特色是充滿香料的香氣與溫和的酸味。非常適合盛裝在透明玻璃杯中，從第一口到最後留下來的尾韻，都具有十足的清透感。最佳烘焙程度是略深的中度烘焙。100g850 日圓。

【 器具 】

• 濾杯：
「ORIGAMI 摺紙濾杯」（K-ai）
• 濾紙濾材：
「波浪濾紙」（KALITA）
• 手沖壺：
「YUKIWA 手沖壺 M5」
（三寶產業）
• 咖啡壺：「SCS 玻璃咖啡壺」
（KINTO）
• 接粉杯（Blind Tumbler）
（WEBER WORKSHOP）
• 電子秤：
「手沖咖啡電子秤 Pearl Mode」
（acaia）

印度原產的精品咖啡豆具有獨特的複雜味道，因此滴濾重點盡可能擺在萃取咖啡精華，但不能留下雜味。這裡捨棄 ORIGAMI 濾杯專用的錐形濾紙，選擇波浪形狀的 KALIT 的波浪濾紙，目的是盡量增加濾材的表面積，避免咖啡粉阻塞網洞。也就是說，盡量將咖啡粉研磨得細一些（比使用一般濾紙時更細），既可避免阻塞，也更能確實萃取咖啡成分。另一方面，為了提升萃取效率，第三次注水時，持木製攪拌棒稍微攪拌一下濾紙裡的咖啡粉。森山先生說「比起熱水容易滲透咖啡粉且能順暢萃取咖啡液的錐形濾紙，這種方式更能如實呈現印度咖啡豆特有的香料香氣與具有深度的味道。」

但要特別注意一點，由於咖啡粉研磨得更細一些，一旦熱水溫度過高，恐容易出現雜味，建議調降熱水溫度至 90℃ 左右。

【　萃取方式　】

【1杯份（萃取量：170ml）】
咖啡豆量：15g
熱水量：210ml
熱水溫度：93℃

步驟	累計時間	注水量
第一次注水	0 秒～ 10 秒	15 m l
悶蒸	（約 30 秒）	
第二次注水	40 秒～ 50 秒	40 m l
第三次注水＋攪拌	1 分 10 秒～ 1 分 50 秒	155 m l
完成	2 分鐘	（萃取量）170ml

【　萃取過程　】

1
將 KALITA 波浪濾紙鋪在
ORIGAMI 摺紙濾杯中。

2
調整磨豆機，將咖啡豆研磨得比使用
一般濾紙時更細。為了使波浪形濾紙
內的咖啡粉顆粒分布均勻，另外又使
用接粉杯（Blind Tumbler）。

3
第一次注水後悶蒸。熱
水溫度 93℃，悶蒸時間
大約 30 秒。

4
第二次注水，從咖啡粉
中心處慢慢向外側畫
圓，以細小水柱注水。
咖啡粉都浸漬在水裡後
停止注水。

5
咖啡液完全流入下方咖啡壺
之前，開始第三次注水。集
中注水於咖啡粉中心處。為
了讓咖啡粉產生對流，水柱
稍微比第二次大一些。注入
210ml 的熱水。

6
熱水積聚在濾紙內，使用木
製攪拌棒攪拌。

7
萃取量 170ml。萃取時間為
2 分鐘多一些。萃取時間若
太短，無法呈現具有深度的
味道；反之，萃取時間若過
長，就可惜了特地使用晶瑩
剔透的玻璃杯。

METHOD - **2** / 焙煎屋 **森山珈琲** 中津口店

Nel drip
濾布滴濾突顯
深焙咖啡豆的魅力

【 味道 】

	1	2	3	4	5
甜味			●		
酸味	●				
苦味		●			
濃郁度				●	
香氣				●	

小杯濾布滴濾咖啡
900 日圓

使用店裡烘焙程度最深的咖啡豆，萃取液充滿迷人的甜味。由於使用濾布萃取，適度保留了咖啡豆油脂，高雅的香氣在口中久久不散。

【 咖啡豆 】

Ibrahim Mocha
生產於葉門西部山區 Bunny Ishmael 村的小顆粒摩卡種咖啡豆，屬於世界咖啡的野生種。目前在日本只有一個取得途徑，那就是透過「Ibrahim 摩卡之會」的成員共同進口，因此能取得的數量非常少。店裡使用的是深度烘焙豆。100g1100 日圓。

【 器具 】

• 濾布過濾器
• 手沖壺：「YUKIWA 手沖壺 M5」（三寶產業）
• 咖啡壺：「玻璃咖啡壺」（KINTO）
• 接粉杯（Blind Tumbler）（WEBER WORKSHOP）
• 電子秤：手沖咖啡電子秤 Pearl Mode（acaia）

森山先生說如果喜歡咖啡豆帶有的甜味、醇美香氣、厚重感，濾布滴濾咖啡會是最好的選擇。因為濾布的網洞比濾紙大，難以吸收油脂，尤其適合這次使用的 Ibrahim Mocha 咖啡豆，這款咖啡豆具有強烈的沉穩感與醇厚度，當適量的油脂和咖啡液混合在一起，口感更加滑順。除此之外，使用同樣分量的咖啡豆，但萃取成量少的小杯滴濾咖啡時，更能夠讓濾布滴濾咖啡的特色錦上添花。森山先生說「調製小杯滴濾咖啡時，當然也可以使用濾紙，但會少了使用濾布時的那份濃濃的醇厚感」。

另一方面，根據濾布使用方式，能夠最大限度地發揮咖啡豆最原始的魅力。無論淺焙～中焙咖啡豆，透過增減咖啡豆用量、調整熱水溫度和注水量來展現咖啡豆的獨特個性。由於濾布網洞較大，雜味容易和鮮味、甜味一起出現。使用淺焙～中焙咖啡豆的情況，豆量必須比濾紙滴濾時多一些，而且研磨程度要稍微粗一些，如此一來就可以降低失敗風險。

【　萃取方式　】

【1 杯份（萃取量：60ml）】
咖啡豆量：24g
熱水量：115ml
熱水溫度：87℃

步驟	累計時間	注水量
第一次注水	0 秒～30 秒	30ml（淋濕咖啡粉）
悶蒸	（20 秒）	
第二次注水	50 秒～1 分 10 秒	50ml
第三次注水	1 分 20 秒～2 分鐘	35ml
完成	2 分鐘	（萃取量）60ml

【　萃取過程　】

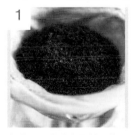

1
咖啡豆研磨成中顆粒。為了使咖啡粉顆粒分布均勻，另外加用接粉杯。沖煮 1 杯小杯滴濾濃縮咖啡（60ml），豪邁地使用 24g 咖啡豆。

2
第一次注水，以點滴方式微量注水，然後進行悶蒸。熱水溫度為 87℃，不需要嚴格設定悶蒸時間，視咖啡粉膨脹程度再進行第二次注水。

3
第二次之後的注水，改以細小水柱的方式注水。像是讓水蒸氣圍繞咖啡粉一樣，繞圈式地注水。

4
第三次注水。在濾布內的咖啡液完全滴落之前，再次注入差不多水量的熱水。讓濾布像氣球般膨脹。

5
拉長第三次注水的時間。隨著注水動作，慢慢將手沖壺的壺口靠近濾布。這是為了施加相同壓力在濾布內的咖啡粉上。

6
壺口靠近到幾乎碰到膨脹的咖啡粉時，注水量應該也變少了。除此之外，從中段開始改以直接瞄準中心處注水。

7
萃取量 60ml。和使用濾紙萃取一樣，萃取時間大約是 2 分鐘多一些。

[福岡・福岡]

レックコーヒー

REC COFFEE

各店鋪引進不一樣的義式濃縮咖啡機。岩瀨先生說「擅長使用各家品牌的義式濃縮咖啡機，對咖啡師來說是一大優勢。」

基於咖啡師的訴求，用於盛裝滴濾咖啡的咖啡杯是同陶瓷系列「ORIGAMI」一起合作製作的 KIKI 美濃燒馬克杯。

老闆咖啡師岩瀨由和先生，他同時也是大賽評審員、講座講師，廣泛活躍於各個領域。2021 年藉由在海外開設分店為契機，公司線上購物網站的營業額也隨之蒸蒸日上。

左側為使用 Cores「GOLD FILTER」黃金手沖濾杯萃取的咖啡；右側為使用濾紙滴濾萃取的咖啡。以咖啡豆量、熱水量、熱水溫度等相同參數進行萃取，但「GOLD FILTER」金屬濾杯萃取的咖啡液顏色較深，也可以清楚看到咖啡杯中的咖啡油脂。

每個人對咖啡都有不同偏好與享用方式。
瞭解這些多樣性，再透過技術加以回應。

自 2014 年起連續 2 年獲得日本咖啡師大賽冠軍，2016 年獲得世界盃咖啡師大賽亞軍，得獎經歷非常豐富的岩瀨由和先生，搭配同樣身為咖啡師的北添修先生一同經營『REC COFFEE』咖啡店。2008 年以行動餐車的方式起家，多年來的努力，終於在 2021 年 11 月成長到福岡有 6 家店、東京有 1 家店、海外台灣有 2 家店的輝煌業績。自開業時便對精品咖啡情有獨鍾，並以不同於全國連鎖店和咖啡廳的模式向大家推廣咖啡魅力。

2018 年起開始投入自家烘焙事業。過去主打淺焙～中焙豆，但為了滿足更多客人的需求，目前也推出全年供應的深度烘焙豆「KISSA BLEND」，因更加貼近客人的需求而深獲不少粉絲青睞。岩瀨先生說「關於萃取方式，現在也引進濾紙滴濾法，不再堅持過去的想法。過去總認為法式濾壓壺才是最適合調製精品咖啡的器具，也才能襯托出咖啡豆最原始的風味，但現在的我已經深刻體驗到濾紙滴濾萃取法的優點，每一種萃取方法都各有各的好處。事實上，有不少客人會自己在家使用濾紙沖煮咖啡，而使用咖啡機的人也不少。」目前店家的滴濾咖啡以濾紙萃取為主，若客人另有要求，也會使用黃金手沖濾杯調製咖啡。

另一方面，義式濃縮咖啡機可說是一家咖啡店的門面。基本上，使用中度烘焙的「博多配方豆」，但額外支付 90 日圓可以換成單一產區的咖啡豆，或者選擇其他種類的配方豆來調製義式濃縮咖啡。當客人選擇基本豆以外的咖啡豆，咖啡師必須隨時針對咖啡豆用量、研磨粗細、填壓力道、萃取量等進行調整。換句話說，『REC COFFEE』的最大優勢在於隨時都能夠確實滿足狂熱咖啡粉絲的各項需求。

SHOP DATA

■地址／福岡県福岡市中央区渡辺通 5-1-19 Hotel the Park1F

■TEL ／ 092（406）5214

■營業時間／ 10 時～ 22 時、週五六、國定假日前一天 10 時～ 23 時

■公休日／全年無休

■坪數、座位／ 20 坪、35 席

■平均客單價／ 850 日圓

■URL ／ https://rec-coffee.com/

METHOD - 1 / REC COFFEE

Espresso

以萃取率 50％為目標，
調整咖啡豆用量、填壓力道等等

【　味道　】

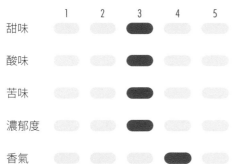

	1	2	3	4	5
甜味			●		
酸味			●		
苦味			●		
濃郁度			●		
香氣				●	

單份濃縮咖啡
博多綜合咖啡
360 日圓

隨淡淡苦味而來的是
鮮明的水果茶風味。
使用微深的中焙豆，
更具醇厚感。搭配牛
奶一起享用更是相得
益彰。

【　咖啡豆　】

博多配方豆
REC COFFEE 的招牌咖啡豆，內含
巴西、薩爾瓦多咖啡豆。充滿柑
橘類的溫和酸味、焦糖味和巧克
力甜味。烘焙程度為中度烘焙。
100g850 日圓。

【　器具　】

・義式濃縮咖啡機：
　「BLACK EAGLE」
　（VICTORIA ARDUINO）
・磨豆機：「MYTHOS One」
　（VICTORIA ARDUINO）
・電子秤：「Smart Scale 2」
　（BREWISTA）
・佈粉器（OCD）
・填壓器（Barista Hustle
　The Tamper）

萃取濃縮咖啡時的重點在於萃取比率。以
『REC COFFEE』來說，基本設定為使用 20g
咖啡粉，萃取 40ml 的濃縮咖啡，萃取率約
50％前後。

是否將咖啡粉均勻填入粉杯中，會大幅影響
萃取效率，所以佈粉作業非常重要。另外，填
壓力道過大，熱水通過粉杯的時間愈長，可能
造成萃取不完全。相反的，填壓力道過小，熱
水通過速度太快，則可能造成過度萃取。雖然
濃縮咖啡機性能與咖啡粉顆粒也多少會影響萃
取，但反覆練習萃取才是掌握技巧的捷徑。

岩瀬先生說「咖啡師能力的優劣在於是否擁
有能夠激發咖啡豆潛在風味的技術。若沒有這
項技術，即便手法再熟練，也無法激發素材擁
有的潛在風味。必須經常思考能否將咖啡豆所
有味道萃取出來。」

【 萃取方式 】

■ 【雙份濃縮咖啡（萃取量：40ml）】
■ 咖啡豆量：19.5g
　　氣壓：9 氣壓
　　熱水溫度：93℃

步驟	萃取訣竅
研磨	沖煮雙份濃縮咖啡，使用 20g 左右的咖啡粉
佈粉	只用手抹平也可以，但建議使用佈粉針等器具
填壓	填壓力道約 14kg～20kg
萃取	萃取 40ml 咖啡液，以萃取時間 20 秒左右為基準

【 萃取過程 】

1
使用 19.5g 咖啡粉。店家的基本萃取率是 50%左右，以萃取量 40ml 為目標。

2
使用 OCD 佈粉，讓粉杯中的咖啡粉均勻分佈。從上方擺放 OCD，大約旋轉 5 次就好。對穩定萃取來說，這是一個相當方便的輔助器具。

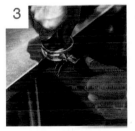

3
填壓強度約 14kg～20kg。熟能生巧之前，可以在粉杯下方擺放一個體重計，重複多練習幾次。

4
開始萃取。這是一台半自動濃縮咖啡機，只需要操作開始與停止就好。

5
萃取 40ml 左右時停止。填粉壓力約 14kg，19秒萃取完成。附帶一提，填粉壓力高達 20kg 的話，萃取 40ml 需要 23 秒。

6
萃取完成的義式濃縮咖啡。咖啡脂層均勻浮在液體表面的狀態，這是義式濃縮咖啡美味的必要條件。

METHOD - **2** / **REC COFFEE**

Espresso

所謂平時的萃取操作，
就是不同方式也能穩定萃取

【　味道　】

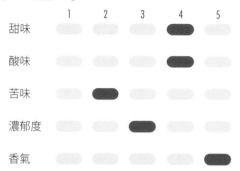

	1	2	3	4	5
甜味				●	
酸味				●	
苦味		●			
濃郁度			●		
香氣					●

單份義式濃縮咖啡
衣索比亞古吉夏奇索
咖啡　450 日圓

比起一般義式濃縮咖啡使用的咖啡豆，這種咖啡豆的風味更具個性。第一口就充滿華麗感與紮實的甜味。

【　咖啡豆　】

衣索比亞古吉夏奇索咖啡豆
（GujiShakisso）
以日曬法處理生豆的單一產區咖啡豆，充滿水蜜桃、櫻桃般的果汁風味。帶有厚重蜂蜜甜味也是一大特色。100g1250 日圓。

【　器具　】

・濃縮咖啡機：
　「BLACK EAGLE」
　（VICTORIA ARDUINO）
・磨豆機：「EK43」（Mahlkonig）
・電子秤：「Smart Scale 2」
　（BREWISTA）
・接粉杯（Blind Tumbler）
　（WEBER WORKSHOP）
・佈粉器（OCD）
・填壓器（Barista Hustle
　The Tamper）

　岩瀨先生表示「一般正規萃取操作，指的是即便使用不一樣的方式，也能萃取穩定的濃縮咖啡，這是身為一名咖啡師必須具備的技術。」

　店裡通常固定使用博多配方豆製作義式濃縮咖啡，額外支付 90 日圓可以換成單一產區咖啡豆，或者選擇其他種類的配方豆來調製義式濃縮咖啡。若遇到這種情況，必須重新計算咖啡豆用量、以非濃縮咖啡專用的磨豆機研磨咖啡豆等，由於萃取配方不同於平時的操作，不能完全仰賴平時的 SOP，但即便咖啡豆種類和烘焙程度改變，也必須基於萃取率 50％的原則，將咖啡豆原有的潛在風味萃取至極限，因此咖啡師必須擁有相關的知識與經驗。

　「最重要的是充分理解咖啡豆的個性。咖啡豆味道的呈現方式因磨豆機而有所不同，只要確實活用機器的特色，再搭配接粉杯等小器具，就能萃取更加穩定的咖啡風味。」

【　萃取方式　】

【雙份濃縮咖啡（萃取量：40ml）】

咖啡豆量：21.5g

氣壓：9 氣壓

熱水溫度：93℃

步驟	萃取訣竅
研磨	沖煮雙份濃縮咖啡，使用 20g 左右的咖啡粉
佈粉	活用接粉杯，讓粉杯中的咖啡粉更均勻一致
填壓	填壓力道約 14kg ～ 20kg
萃取	萃取 40ml 咖啡液，以萃取時間 20 秒左右為基準

【　萃取過程　】

1

使用單一產區咖啡豆時，由於不使用濃縮咖啡機的磨豆機，必須從秤量咖啡豆開始作業。

2

當客人點特殊濃縮咖啡時，會另外使用「EK43」磨豆機。岩瀨先生說「這是一台能提升萃取效率的磨豆機。」

3

將咖啡粉填入把手粉杯時先使用接粉杯。接粉杯能夠讓咖啡粉均勻落入粉杯中，藉此提高萃取效率。

4

使用 OCD 佈粉，提高把手粉杯中咖啡粉的均勻度。

5

使用「EK43」磨豆機研磨咖啡豆，有助於提升萃取效率，填壓時將壓力設定在 16kg。稍微拉長萃取時間以提取更多咖啡風味。

6

萃取義式濃縮咖啡。取材時的萃取時間為 20 秒。

METHOD – 3 / REC COFFEE

Metal drip

以咖啡師之手提升能夠萃取咖啡油脂的
金屬濾網滴濾咖啡的美味

【 味道 】

	1	2	3	4	5
甜味				●	
酸味				●	
苦味		●			
濃郁度		●			
香氣				●	

肯亞奇里雅加咖啡
560 日圓

使用黃金手沖濾杯萃取的咖啡,具濃郁的深度與豐富尾韻,也因為含有適度咖啡油脂,口感更為滑順。

【 咖啡豆 】

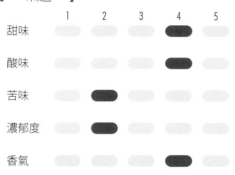

肯亞奇里雅加(Kenya Kirinyaga)
帶有橘子、黑莓味道的風味。特色是清爽的酸味,以及黑糖般的甘甜尾韻。屬於水洗豆,烘焙程度為中度。100g1250 日圓。

【 器具 】

• 金屬濾杯:
「黃金手沖濾杯」(CORES)
• 咖啡壺:「玻璃咖啡壺」
(BREWISTA)
• 手沖壺:
「Artisan 溫控手沖壺」
(BREWISTA)
• 電子秤:「Smart Scale 2」
(BREWISTA)

黃金手沖濾杯(金屬濾網)的最大優點是能夠適度萃取咖啡油脂。萃取方式和濾紙滴濾幾乎相同,但黃金手沖濾杯的濾網構造不同於一般濾紙,因兩側有塑料部位,導致咖啡粉容易堆積在濾杯底部。因此研磨咖啡豆時,顆粒必須比濾紙滴濾專用的咖啡粉稍微粗一些,這樣才能讓熱水順利通過。

岩瀨先生說「不刻意吸附油脂,而是讓咖啡油脂直接進入杯中,這一點和法式濾壓壺相同,但使用黃金手沖濾杯,比較能夠自行控制注水方式、萃取時間等影響味道的參數。」換句話說,能否萃取成功全憑咖啡師的技術。

另一方面,雖然影響不大,但比起濾紙滴濾咖啡,熱水溫度更容易影響萃取液的味道。以岩瀨先生來說,使用淺焙~中焙豆時,他會將熱水溫度控制在92～93℃,而使用深焙豆時,為避免出現雜味,他則會將熱水溫度控制在89～90℃。

【 萃取方式 】

☕ 【1杯份（萃取量：250ml）】
咖啡豆量：18g
熱水量：280ml
熱水溫度：92℃

步驟	累計時間	注水量
第一次注水	0秒～10秒	20ml（淋濕咖啡粉）
悶蒸	（10秒）	
第二次注水以降	20秒～2分鐘	260ml
完成	2分鐘	（萃取量）250ml

【 萃取過程 】

1
咖啡豆研磨程度和使用濾紙時差不多就好，但為了讓熱水順利通過，將顆粒稍微研磨得粗一些。

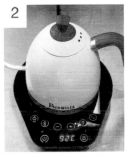

2
熱水溫度低一些比較能夠萃取甜味，不容易產生酸味。另一方面，以高溫熱水萃取，雖然有迷人香氣，卻少了甜味。中度烘焙的肯亞・奇里雅加咖啡豆，適合以92℃的熱水萃取。

3
悶蒸時間和使用濾紙時一樣，短短10秒鐘，只要足以排除空氣就好。咖啡粉膨脹後，在重力影響下開始流至下方咖啡壺時，就可以進行第二次注水。

4
從頭到尾都以細小如線的方式注水。使用18g的咖啡豆（1杯分量），注水量約280ml，目標萃取量為250ml。濾網網洞呈縱向長條狀，幾乎不會阻塞。

5
和使用濾紙滴濾一樣，萃取結束時，濾網裡形成咖啡渣堆。從開始注水到最後，都以細小如線的水柱注水。

6
黃金手沖濾杯無法過濾咖啡微粉，所以咖啡壺底部難免有微粉沉澱堆積，將咖啡液注入咖啡杯時，格外小心不要讓微粉流進杯子裡。

Paper drip

[東京・神保町]

グリッチコーヒー＆ロースターズ

GLITCH COFFEE&ROASTERS

店裡著重在淺度烘焙的精品咖啡豆。平日隨時備有 20 種咖啡豆，以及 10 種品項的精品咖啡。

詳細記載咖啡豆原產國、烘焙程度、處理工法等資料的咖啡品鑑卡，於咖啡端上桌時一併附上。不少熟客熱中於收集這些小卡片。

鈴木清和先生。曾在「Paul Bassett」服務 10 年左右的時間，然後於 2015 年 4 月成立這家咖啡店。於 2016 年 1 月於在西新宿開設『COUNTERPART COFFEE GALLERY』，緊接著又於 2018 年 5 月在赤坂開設『GLITCH COFFEE BREWED@9h』。

店家使用 2 種濾杯。2 種皆為直線肋柱，不容易造成阻塞，適合搭配使用淺焙豆。

本著「向全世界推廣日本獨特咖啡文化」的想法，在咖啡廳文化深耕的神保町開店。

百般嘗試後的配方與堅持進行濃度測定，
為客人獻上一杯充滿生產者心血的美味咖啡

『GLITCH COFFEE & ROASTERS』是一家生產高品質咖啡豆的生產商迫切想要合作，期盼自己的產品能在店裡上架販售的咖啡店。

店家老闆鈴木清和先生於 2015 年創立自家烘焙咖啡店，堅持使用高品質的單一產區咖啡豆，店內咖啡飲品皆以淺焙豆為主，深受年輕消費者喜愛。

鈴木先生說「之所以限定使用單一產區咖啡豆，是基於強烈希望將生產者的努力心血傳遞給所有人。而之所以採用淺度烘焙，則是為了更加突顯好豆的優點，於是在不知不覺間便將全副心力投入淺焙豆上。在莊園進行杯測時，也都習慣透過淺焙豆來觀察咖啡豆的品質與潛在能力」。

店面與網路商店裡販售的咖啡豆，平時備有 20 多種，其中也不乏讓人感受到特殊香氣與特殊處理工法的莊園獨特咖啡豆。除此之外，還有一些頂級再頂級的精品咖啡豆，以及競賣會上得標的得獎咖啡豆與數量稀少的珍貴豆。

除了販售咖啡豆，店裡也會使用這些咖啡豆調製滴濾咖啡（熱、冰）、濃縮咖啡、咖啡拿鐵、美式咖啡。這次收錄的濾紙滴濾咖啡，萃取配方是鈴木先生多方嘗試，將時間與注水量具體數值化後研發而成。也由於使用的是自家烘焙的咖啡豆，所以無論任何一種咖啡豆，都能基於這個數值進行萃取，充分將咖啡豆原有的個性與特色揮發出來。調製滴濾咖啡時，使用 2 種不一樣的直線肋柱濾杯。

店家進行萃取時，最重視的是萃取液的「濃度」。一整天的營業期間會使用濃度計進行 10 次左右的濃度測量，甚至連新進員工都會操作。濃度若太稀，會將咖啡豆研磨得細一些，或者增加咖啡豆用量。除此之外，也會定期檢查員工的萃取技術。出現咖啡走味的情況時，鈴木先生還會親自細心指導注水繞圈速度和注水範圍等小細節。

SHOP DATA

■ 地址／東京都千代田区神田錦町 3-16 香村ビル 1F

■ TEL ／ 03（5244）5458

■ 營業時間／ 7 時 30 分〜 20 時、週六、日 9 時〜 19 時

■ 公休日／全年無休

■ 坪數、座位／ 15 坪、13 席

■ 平均客單價／店內飲用 500 日圓〜，咖啡豆 1400 日圓〜

■ URL ／ http://glitchcoffee.com

METHOD - 1 / GLITCH COFFEE&ROASTERS

Paper drip

多費點心思淋濕咖啡粉。
殘留於肋柱上的咖啡粉也要確實萃取

【 味道 】

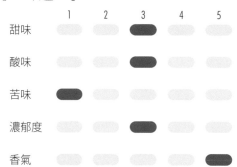

	1	2	3	4	5
甜味			●		
酸味			●		
苦味	●				
濃郁度			●		
香氣					●

滴濾咖啡
特級哥倫比亞蒙大布蘭蔻咖啡
1200 日圓

精緻的風味與隨溫度改變的味道，真的是絕品中的絕品，能夠充分感受到藝伎咖啡豆具有的潛在美味。將 1.5 杯分量的咖啡倒入咖啡專用燒杯中，再取適當分量注入小豬口杯中，然後以托盤一起端上桌給客人享用。調製濾紙滴濾咖啡時，客人可以從 10 種咖啡豆中挑選自己喜歡的口味，價格依咖啡豆種類而異。

【 咖啡豆 】

特級哥倫比亞蒙大布蘭蔻咖啡豆
（Colombia Monteblanco Grand Cru）
咖啡豆生產自以高品質而聞名的莊園，處理工法為 Gold Grand Cru Washed。帶有橘子的酸味與甜味，清澈透明好比洋甘菊茶，而且還具有西洋梨和接骨木花的濃郁質感。

【 器具 】

・濾杯：
　「OCT 八角濾杯」（KINTO）
・濾紙濾材：
　「V60 用濾紙濾材」
　（HARIO）
・咖啡壺：
　「OCT 八角咖啡玻璃壺」（KINTO）
・電子秤：
　「V60 手沖專用電子秤」（HARIO）
・手沖壺：
　「POUR OVER KETTLE 手沖壺」
　（KINTO）

　店家使用 2 種濾杯，主要是選擇萃取口徑大且萃取效率佳的 SLOW COFFEE STYLE SPECIALTY SO4 brewer，但這次則是使用即便萃取經驗少也能輕鬆使用，而且不會妨礙咖啡味道的陶瓷製 OCT Breuer。

　根據鈴木先生的萃取配方，第一次注水萃取甜味與濃郁度，第二次注水打造香味、尾韻與質感，第三次注水則是調整味道的醇厚度。鈴木先生的獨特作法是第一次注水後使用湯匙在濾杯中攪拌。據說這是為了加速咖啡粉與熱水結合在一起，同時也為了避免發生中心部位過度萃取、外側部位萃取不足的情況。除此之外，鈴木先生在第三次注水時，還會格外注水在在沾附於肋柱上的咖啡粉上。一般而言，通常不會刻意將熱水注入在咖啡粉比較薄的肋柱上，因為萃取液會相對稀薄，但鈴木先生認為，第一～二次注水萃取濃厚咖啡精華，第三次注水是為了調整濃度，所以也要針對沾附於肋柱上的咖啡粉進行萃取。

【 萃取方式 】

【1 杯份（萃取量：210ml）】
咖啡豆量：16.5g
熱水量：260ml
熱水溫度：88℃

步驟	累計時間	注水量
第一次注水	0 秒～ 15 秒	70ml
悶蒸	（約 30 秒）	
第二次注水	45 秒～ 1 分 15 秒	140ml
第三次注水	1 分 20 秒～	50ml
完成	2 分 20 秒	（萃取量）210ml

【 萃取過程 】

1
確認需要中研磨的咖啡豆香氣。若咖啡豆裡摻有極少數的劣質豆，萃取後可能會出現花生般的味道。另外，也要針對萃取和盛裝用的燒杯、咖啡杯進行確認，避免摻有雜味。

2
確認咖啡豆沒問題後，研磨成中顆粒並倒入濾網中，輕輕搖晃濾網鋪平咖啡粉。1杯咖啡使用16.5g的咖啡豆。

3
從外側往中心處，以畫圓方式注入 70ml 的 88℃ 熱水，速度無須太快，大約 15 秒鐘。再以茶匙攪拌咖啡粉，約 5 次。

4
30 秒後第二次注水，方法和第一次注水一樣，從外側向內側畫圓，然後再從內側向外側畫圓。以 27 秒～ 30 秒的時間注入 140ml 熱水。

5
1 分 20 秒後，為了確實萃取殘留在外側的咖啡粉，沿著濾杯的肋柱繞 2 圈注水，約注水 50ml。

6
剩下 30ml 熱水時，萃取作業結束（若全部萃取完，容易留下粉狀感）。大約 2 分 20秒完成萃取。

7
將咖啡液倒入要端給客人使用的咖啡壺中。咖啡壺內的空氣有助於增強咖啡的風味與香氣。

8
在小豬口杯中倒入大約半杯的咖啡。倒太滿，味道會比較強烈且濃郁；倒太少，香氣和酸味會增強。為了兼具視覺與味道，半杯最為理想。

[愛知‧豊田]

ぐうたん

遇暖 豊田丸山店

METHOD-1 METHOD-2

Nel drip Siphon drip

用於注水的 KALITA 細口手沖壺。調製濾布滴濾咖啡時，以手沖壺取代咖啡壺，將濾布直接架於開口上。

使用單品豆沖煮虹吸式咖啡。店裡每天少量烘焙單品豆，為了新鮮度，通常會在 3～4 天內使用完。

店內備有 4 種配方豆和大約 7 種的單品豆。配方豆主要由自家烘焙工廠進行烘焙，單品豆則在店面依客人需求立即烘焙。

店長兼飲品單開發的吉田嘉奈江小姐。主要負責使用濾布、濾紙、虹吸式壺萃取咖啡。為了提升員工的萃取技術，致力於指導訓練員工。

從滴濾式到虹吸式咖啡，
依咖啡豆特性進行萃取，提取紮實的咖啡美味

這是一家經手全世界優質咖啡豆的 Ito coffee 股份有限公司（總公司：愛知縣名古屋市）的直營咖啡店。3 家店鋪中的豐田丸山店，平日是家庭主婦或上班族的好去處，假日則吸引不少攜家帶眷的家庭和年輕人上門光顧。

店內各品項咖啡皆使用 4 種直火烘焙的配方豆，以及 7 種全熱風式烘焙（淺焙～中深焙）的單品豆沖煮而成。除此之外，還有使用濃縮咖啡機調製的花式咖啡與季節性限定綜合咖啡。

店內咖啡首重提取咖啡豆最原始風味的萃取方法。例如招牌咖啡「遇暖綜合咖啡」使用 2 種不一樣的萃取方式，上午使用濾布滴濾，下午則使用濾紙一杯一杯滴濾萃取。濾布滴濾萃取可以保留咖啡豆油脂，最大特色是口感醇厚、苦中帶甜。另一方面，濾紙滴濾萃取，因咖啡豆油脂多半被濾紙吸附，口感較為清爽輕盈，但酸味相對強烈，味道也比較多面向。配方豆皆使用濾紙滴濾方式萃取，使用流出口較大的「HARIO V60」濾杯，有效控制悶蒸時間與注水方式。

至於單品豆則適用於能夠突顯咖啡豆個性的虹吸式萃取法。不同於熱水通過咖啡粉後萃取成咖啡液的滴濾式，虹吸式咖啡屬於咖啡粉完全浸漬於熱水後再萃取成咖啡液的浸漬式，味道更純粹且品質更優。店家基本上都採用虹吸式沖煮法調製精品咖啡。剛沖煮好時，溫度高且香氣濃郁，降溫後開始出現強烈酸味，味道隨溫度而改變，這也是虹吸式咖啡的一大魅力。

為了提高一般家庭採買咖啡豆的意願，豐田丸山店很早就引進客人入內消費後，立即協助烘焙咖啡豆的作法。當場烘焙，當場沖煮後提供，也是豐田丸山店的優勢之一。最近旗下 3 家店合作開發共用的 APP 應用程式，致力於推廣季節性飲品與新上市產品。

SHOP DATA

■地址／愛知縣豐田市丸山町 3-42-1

■TEL ／ 0565（63）5245

■營業時間／ 8 時～ 17 時

■公休日／週三

■坪數、座位／ 55 坪、49 席

■平均客單價／ 800 日圓

■URL ／ https://ito-coffee.com

METHOD - **1** / **遇暖** 豊田丸山店

Nel drip

突顯苦味中的甜味。
讓綜合咖啡的香味更為圓潤溫和

【 味道 】

	1	2	3	4	5
甜味				●	
酸味		●			
苦味				●	
濃郁度				●	
香氣			●		

遇暖綜合咖啡
462 日圓（隨附小茶點）

豐饒的香氣在添加砂糖後多了巧克力般的濃郁感，而醇厚口感和牛奶也格外速配。上午享用濾布滴濾咖啡，下午品嚐濾紙滴濾咖啡，不同滋味更添樂趣。

【 咖啡豆 】

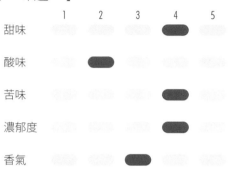

遇暖配方豆
直火式烘焙的深焙豆。以印尼曼特寧咖啡豆為基底，搭配帶有特殊甜味的羅布斯塔種印尼咖啡豆。各自進行適當程度的烘焙後再混合成遇暖配方豆。100g497 日圓。

【 器具 】

· 濾布過濾器
· 手沖壺：手工不銹鋼細版手沖壺（KALITA）
· 咖啡壺：HORO 咖啡壺（野田琺瑯）
· 攪拌棒
· 不鏽鋼單手鍋

使用深焙配方豆的「遇暖綜合咖啡」飲品，既充滿直火式烘焙的香氣，也因為採用各自烘焙後再混合一起的處理方式，味道更加濃郁且有層次感。唯有濾布滴濾萃取法，才能提取出這般濃厚的風味。

濾布過濾能夠稍微消減尖銳的苦味，藉由飽含油脂成分以彰顯甜味。另外，獨有的溫和豐饒香氣也是一大特色。吉田先生說「不少回頭客心心念念的就是這個味道，堪稱是店家的頭號招牌綜合咖啡。」

在來店客人較為集中的上午，以濾布滴濾方式一次性萃取，再取一杯分量重新溫熱後上桌。咖啡豆用量愈多，愈能充分萃取咖啡成分，整體味道也更為醇厚。帶點濃縮咖啡的感覺，除了添加砂糖外，也建議搭配牛奶。除此之外，重新加熱雖然會使香氣略減，但味道更加穩定且有深度。下午時段的客人較為零星，使用相同的咖啡豆，但改以濾紙滴濾方式萃取，口感較為清爽，怡人的酸味極具立體感。

【　萃取方式　】

×9　【9杯份（萃取量：1350ml）】
　　咖啡豆量：90g
　　熱水量：1500ml
　　熱水溫度：90℃

步驟	訣竅	注水量
第一次注水	淋濕咖啡粉	100～120ml
悶蒸	（約1分鐘）	
第二次注水	咖啡粉泡沫滿至濾布上半部時，停止注水	
第三次注水	咖啡粉中心處凹陷時，再次注水	（總水量）1500ml
完成	濾布內的泡沫完全下沉前停止注水並移開濾布	（萃取量）1350ml

【　萃取過程　】

1
將咖啡豆研磨成中顆粒。由於使用9杯分量的咖啡豆，若研磨得太細，萃取時間會過長，容易因此出現雜味。

2
溫熱事先浸濕備用的濾布，然後直接套在咖啡壺的開口上。

3
將咖啡粉倒入濾布中並平鋪。準備90℃的熱水，集中注水於咖啡粉中心處。目的是排出咖啡豆的二氧化碳，打造萃取液通路。

4
左手將咖啡壺稍微傾斜，右手持手沖壺從中心以畫圓方式注水。將濾布套在咖啡壺開口上，即使傾斜也能穩定注水。

5
淋濕咖啡粉之後，悶蒸1分鐘左右。這時候已經注水100～120ml。

6
同第一次注水，於中心處注水後，以畫圓方式在周圍注水。

7
咖啡粉泡沫滿至濾布上半部時，停止注水，再次進行悶蒸。

8
咖啡粉中心處凹陷時，以同樣方式進行第三次注水。濾布內泡沫尚未完全下沉前停止注水並移開濾布。

9
以攪拌棒將咖啡液攪拌均勻。

10
取1杯分量（150ml）到單手鍋裡，重新加熱至液體表面產生波紋，然後注入溫熱備用的咖啡杯中。

METHOD - 2 / 遇暖 豊田丸山店

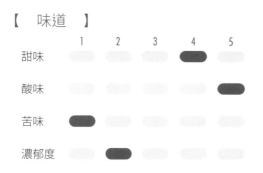

Siphon drip

一段式高溫萃取，
清楚突顯咖啡豆個性

【 味道 】

	1	2	3	4	5
甜味				●	
酸味					●
苦味	●				
濃郁度		●			
香氣					●

衣索比亞摩卡咖啡
605 日圓（2 杯份）

華麗香氣繚繞中，散發成熟柑橘的酸甜味與紅茶般的淡淡苦澀味。酸味隨溫度下而愈發強烈。

【 咖啡豆 】

衣索比亞摩卡耶加雪菲 G2
（水洗豆）
使用全熱風式烘豆機烘焙的淺焙豆。充滿花香、水蜜桃、麝香葡萄等香氣，帶有紅茶，葡萄酒般的風味，以及清爽酸味與久久不散的尾韻。100g724 日圓。

【 器具 】

・虹吸式咖啡壺：
「經典虹吸式咖啡壺」（HARIO）
・加熱爐：
「鹵素光波加熱爐」（HARIO）
・攪拌棒

虹吸式法是一種透過將咖啡粉浸漬在熱水中，以高溫、短時間萃取的方法。咖啡豆品質的優劣會直接反應在萃取液，原則上會搭配使用高品質、單品的精品咖啡豆（單一莊園出產）。店內備用醇厚感十足、具甘甜尾韻、優質苦味的「坦尚尼亞 TANZANIA LIMA KIBO KILIMANJARO」，充滿堅果、巧克力、焦糖香氣的「巴西 Brazil Chocolat」，使用稀少圓豆烘焙的「哥倫比亞 Colombia Narino CARACOL」等 7 種精品咖啡豆，在清爽口感中能夠充分感受到咖啡豆原有的個性。

這次使用「衣索比亞摩卡」咖啡豆，剛沖煮好時散發一股摩卡特有的華麗香氣，隨著溫度慢慢下降，咖啡豆原有的酸味逐漸變強烈。萃取液約 200ml，第 1 杯和第 2 杯的味道略有不同，這也是一種咖啡樂趣。

吉田先生說「以虹吸式法萃取時，前半段出現的是酸味，後半段則是苦味。想要強調淺焙豆的酸味，或者想讓中深焙豆的口感輕盈些時，為了避免味道變淡，通常會增加咖啡豆的用量，並且縮短萃取時間。」

【 萃取方式 】

🍵 【2杯份（萃取量：200ml）】

☕ 咖啡豆量：23g
熱水量：230ml
熱水溫度：壺內熱水沸騰狀態態

步驟	訣竅	注水量
下壺內的熱水沸騰後，插入裝有咖啡粉的上壺		230ml
攪拌 ※下壺內熱水完全上升至上壺後	數次 （咖啡粉和熱水混合在一起）	
悶蒸	（1分鐘）	
攪拌 ※關掉加熱爐後	數次 （像製造漩渦般輕輕攪拌）	
完成		（萃取量） 200ml

【 萃取過程 】

1
將所需分量的熱水注入下壺中，開啟加熱爐電源。

2
將過濾器裝於上壺，倒入中細研磨的咖啡粉。

3
上壺斜插至下壺裡。

4
壺內鍊條布滿氣泡時，將上壺正插至下壺中。

5
下壺中熱水全部上升至上壺後，以攪拌棒攪拌數次，讓咖啡粉與熱水充分結合在一起，並且排除空氣。

6
攪拌後的狀態，由下至上分成熱水、咖啡粉、氣體三層時，表示攪拌順利。稍微調降加熱爐的溫度，然後悶蒸1分鐘。

7
關掉加熱爐電源，輕柔攪拌數次形成漩渦，以利萃取液順利流入下壺。

8
萃取後，咖啡粉渣呈圓頂形狀，表示萃取成功。

8
移開上壺，將萃取液倒入專用小咖啡杯中。由於萃取液溫度高，不需要事先溫熱咖啡杯。

［奈良・奈良］

絵本とコーヒーのパビリオン

剛沖煮好的熱騰騰綜合咖啡。店內備有中焙～深焙咖啡豆，希望客人能夠享用不同烘焙程度帶來的不同美味。

身兼老闆和烘豆師的大西正人先生。大西先生曾是一名東京的上班族，後來回到出生地奈良，服務於一家藝廊咖啡店。在這個同時，他花了 3 年半的時間重新整修一間自戰前留下來的小房子，並於 2009 年 11 月和經營網路舊書店的妻子千春女士共同開業。

全部都是手沖咖啡架的試作品。使用鐵線不斷嘗試製作手沖咖啡架。

店裡只提供綜合咖啡。以象徵各烘焙程度味道的青、紅、黑命名，這 3 個顏色取自古代中國與日本用以表現四個方位和四季的 4 種顏色。照片中的咖啡杯是英國古董。

使用手沖咖啡架和濾紙濾材，
萃取濾布滴濾般的濃郁美味

『絵本とコーヒーのパビリオン』自家烘焙咖啡店位在靠近奈良市中心的小巷弄裡。大西正人先生負責咖啡與餐點，妻子千春女士負責外場服務與圖書業務。書架上擺滿國內外繪本等的書籍和詩集，木頭的溫暖與沉靜穩重的感覺瀰漫在整個空間中。除了咖啡，還能享用麵包、手作三明治、咖哩飯、蛋糕等餐點，吸引不少客人聚集在這裡度過悠閒時光。老闆夫婦的穩重個性充滿魅力，除了附近的常客，也受到不少觀光客喜愛。

大西夫婦很喜歡濾布滴濾咖啡，但開業初期，考量到操作性和基於打造一間面寬小店的想法，最終決定採用濾紙滴濾萃取法。大西先生不斷嘗試以濾紙滴濾萃取出類似濾布滴濾咖啡的濃郁多層次味道，幾經多次失敗後，最終結果是採用手沖咖啡架。大西先生說「濾布滴濾的優點在於濾布可以膨脹得像顆球，讓咖啡粉完全浸漬在熱水後再萃取，也由於四周圍留有空隙，方便空氣排出。基於這個緣故，才決定使用構造上和濾布滴濾有異曲同工之

妙的手沖咖啡架。」這個手沖咖啡架是大西先生使用不鏽鋼鐵線親手製作的。使用了10年以上的萃取器具，充滿了大西先生濃濃的愛。

使用1kg容量的烘豆機少量多次烘焙，讓店裡隨時備有5種配方豆。其中3種的中焙豆「青」、中深焙豆「紅」、深焙豆「黑」用於沖煮招牌熱咖啡，其他則用於調製咖啡歐蕾和冰咖啡。調製咖啡歐蕾時，使用烘焙程度為「紅」的咖啡豆；調製冰咖啡時，使用接近「黑」，但萃取得比「黑」更深濃的咖啡液。

開業時以配方豆「紅」為中心，但近年來，淺焙豆咖啡成為主流，選擇「青」的客人也愈來愈多。大西先生說「為了讓客人每次光顧時都能享用同樣美味的咖啡，我們非常重視身為『本店門面』的配方豆。」

SHOP DATA

■地址／奈良縣奈良市今辻子町 32-5

■ TEL ／ 0742（26）5199

■營業時間／ 12 時～ 18 時（最後點餐時間 17 時 30 分）

■公休日／週一～週三（國定假日營業）

■坪數、座位／ 12 坪、15 席

■平均客單價／ 1000 日圓

■ URL ／ http://pavilion-b.com

METHOD - **1** ／ **絵本とコーヒーのパビリオン**

Paper drip

以溫度略低的熱水浸漬 4 ～ 5 分鐘，沖煮好比濾布滴濾咖啡的萃取法

【 味道 】

	1	2	3	4	5
甜味				●	
酸味	●				
苦味				●	
濃郁度				●	
香氣			●		

綜合咖啡「紅」
470 日圓

自開店初期就存在的核心品項，使用中深焙豆沖煮的綜合咖啡。兼具甜味、苦味與濃郁的層次感。

【 咖啡豆 】

配方豆「紅」
混合哥倫比亞和曼特寧的中深度烘焙配方豆。中度烘焙的「青」以摩卡咖啡豆為基底；深度烘焙的「黑」以坦尚尼亞咖啡豆為基底。由於產地和品種都不一樣，所以各自烘焙後再混合在一起。

【 器具 】

·濾杯
（自製手沖咖啡架）

·濾紙濾材（KALITA 製等）

·咖啡壺：「手沖咖啡壺 300N」
（KALITA）

·手沖壺：
「零咖啡細口手沖壺」
（TAKAHIRO）

目前使用的手沖咖啡架，以不鏽鋼材質打造，已經使用了 10 年以上。

下一頁的萃取法同樣適用於豆量相同的「青」綜合咖啡。

這種萃取方法的重點在於 1 杯分量的咖啡萃取時間為 4 分鐘，2 杯分量的咖啡萃取時間為 4 ～ 5 分鐘。為避免出現雜味，以略低的 84 ～ 88℃ 熱水慢慢萃取。

無論沖煮哪一種咖啡，由於咖啡豆狀態因生豆批次和季節而有所不同，沖煮時務必仔細觀察咖啡粉膨脹和吸水情況，隨時調整注水方式或依季節微調熱水溫度。基於這樣的操作方式，每次注水次數並不固定，但平均都有 10 次以上。

沖煮咖啡過成中，隨時注意不要讓咖啡粉上衝至濾杯側面（亦即水量不要多到讓咖啡粉完全浸漬在熱水中），要讓咖啡粉在濾杯中膨脹成球形。

費時 4 分鐘萃取的咖啡，即便是溫度低於 80℃，喝起來也十分溫和順口。輕輕攪拌後注入溫熱備用的咖啡杯中後即可上桌。

【 萃取方式 】

☕ 【1 杯份（萃取量：200ml）】
咖啡豆量：16g
熱水量：約 200ml
熱水溫度：夏季約 84℃，冬季約 88℃

步驟	累計時間	注水量
第一次注水		所需最少分量
悶蒸	（30～40 秒）	
第二次注水～		注水 10 次以上 （平均次數）
完成	約 4 分鐘	（萃取量）200ml

【 萃取過程 】

1

將研磨成中粗顆粒的咖啡粉（1 杯使用 16g，2 杯使用 28g）倒入容器中，輕敲容器讓微粉飛散。先用熱水溫熱咖啡壺。

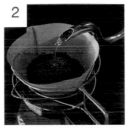

2

以淋濕咖啡粉的方式注水，然後悶蒸 30～40 秒。基於手沖咖啡架的特性，若將熱水淋在四周圍，容易向外溢出，所以周圍部位盡量不要淋濕。

3

觀察咖啡粉膨脹和下沉情況，以細小水柱在中心部位（約 50 元硬幣的範圍）注入熱水。採用注水－暫停－注水－暫停…的方式反覆注水。注水完成時，熱水自然也已經滲透至濾紙四周圍。

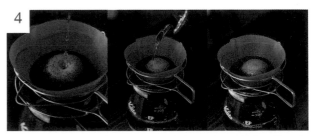

4

在注水的最後階段，增加注水次數與注水量。達到目標萃取量（1 杯 200ml，2 杯 380ml）後，拿起手沖咖啡架。萃取時間為 1 杯分量約 4 分鐘，2 杯分量約 4～5 分鐘。

[東京・渋谷]

私立珈琲小学校 代官山校舎

Paper drip　Metal drip

以 ORIGAMI 摺紙濾杯沖煮的瓜地馬拉咖啡。強烈的可可風味、紮實的濃郁度和甜味，充分享受豐富的醇厚滋味。使用性能佳的磨豆機，對調製美味咖啡也有極大的貢獻。

主要使用 ORIGAMI 摺紙濾杯。

老闆兼咖啡師的吉田恒先生。從事 20 多年的小學教師工作後，進入專門學校學習餐飲，畢業後獨立創業。

只有日曬法處理的淺焙豆會搭配使用黃金手沖濾杯沖煮。既能充分發揮咖啡豆個性，喝起來也更加順口。將咖啡液盛裝在梅森玻璃罐中，增添一股時尚風情。

依不同生豆處理工法使用不一樣的濾杯，
讓每一杯咖啡喝起來都充滿新鮮感

吉田恒先生曾經是一名小學老師，後來轉換跑道成為一名咖啡師。目前在『私立珈琲小学校』擔任導師工作，店內餐點則取名為營養午餐，是一間非常特立獨行的咖啡店。客人也稱到店裡喝咖啡為「上學」，對於各種設定，大家樂在其中。

店內咖啡豆從淺焙至深焙共有 8 種，採購自東京都內有名的烘豆店。

吉田先生說「若考慮品質控管與成本，只選定一家供應商最為理想。但因為有來自不同供應商的咖啡豆，才能讓客人品嚐多樣化個性的咖啡，而自己也才有機會多和尊敬的烘豆師交換咖啡訊息。多虧這樣，我才能更進一步且從更多角度去思考咖啡大小事。」

無論是咖啡 1 年級生或高年級生，吉田先生都希望為他們獻上一杯心滿意足的咖啡。8 種不同的咖啡豆，分別搭配 ORIGAMI 摺紙濾杯和黃金手沖濾杯萃取。

吉田先生解釋「店裡主要使用 ORIGAMI 摺紙濾杯。這種萬能萃取器適用各種咖啡豆，任何人都能萃取品質穩定的咖啡。至於黃金手沖濾杯則搭配使用日曬法處理的淺焙豆。這種濾杯能夠完美萃取鮮味成分油脂與清澈的酸味，平常習慣喝深焙豆咖啡的人，肯定會喜歡這種味道。」

希望能夠萃取咖啡粉中潛藏的所有美味，必須在萃取過程中格外留意，第一次注水時務必在所有咖啡粉上淋熱水，然後進行悶蒸。烘豆後的天數和烘焙程度會影響咖啡粉的膨脹，比起仰賴數字，更需要透過自己的五感進行微調。全體員工會定期使用測量裝置確認咖啡濃度，以及自己的五感，確保每一杯咖啡都能維持穩定的美味。

目前代官山店已經歇業，準備搬遷至新地點。新開幕的店鋪除了提供美味咖啡，也會是與藝術家好友一起舉辦相關工作坊的場所。

SHOP DATA

■地址／東京都渋谷区鶯谷町 12-6 LOKO ビル 1 階

■營業時間／平日 11 時～ 19 時、週六 8 時～ 19 時、週日 8 時～ 18 時

■公休日／週一

■坪數、座位／ 8 坪、屋內 10 席＋屋外 10 席

■平均客單價／ 700 日圓

■ URL ／ https://www.facebook.com/coffeee lementaryschool

□ 2021 年 12 月搬遷準備中。

METHOD - **1** / **私立珈琲小学校** 代官山校舍

Paper drip

使用熱傳導效率佳的陶瓷濾杯，
萃取不走味的穩定咖啡液

【 味道 】

	1	2	3	4	5
甜味				●	
酸味		●			
苦味			●		
濃郁度				●	
香氣				●	

濾杯滴濾咖啡
580 日圓

陶藝家吉田直嗣先生製作的咖啡杯＆咖啡盤。寬口徑且滑順的杯沿，更能充分感受到咖啡紮實的風味。

【 咖啡豆 】

瓜地馬拉咖啡豆
水洗工法處理，深度烘焙。這是生產於日夜溫差大的韋韋特南戈省 EL Consuelo 莊園的精品咖啡豆。充滿巧克力風味與醇厚甜味。100g800 日圓。

【 器具 】

• 濾杯：
　「ORIGAMI 摺紙濾杯」（K-ai）
• 杯座：
　「ORIGAMI 木製杯座」（K-ai）
• 濾紙濾材：
　「波浪濾紙」（KALITA）
• 咖啡壺：梅森玻璃罐
• 手沖壺：
　「零咖啡細口手沖壺」
　（TAKAHIRO）
• 電子秤：「V60 手沖專用電子秤」
　（HARIO）

　吉田先生看到 2019 年世界盃咖啡沖煮大賽的冠軍使用 ORIGAMI 摺紙濾杯後，對這款濾杯產生濃厚興趣。而實際試用過後，也非常滿意。深肋柱一直延伸至底部，讓熱水更容易通過，也更加能夠掌控萃取時間，搭配任何一種咖啡豆，都能萃取出美味咖啡。於是，吉田先生從原本的塑膠製錐形濾杯改為 ORIGAMI 摺紙濾杯。無論任何人操作，保證都是穩定且不走味的咖啡，店裡員工也都讚不絕口「萃取時毫不猶豫，能夠更有自信地將咖啡端給客人享用。」乾淨衛生、使用年限長也是一大優點。

　萃取訣竅在於鋪上濾紙之前與之後都各自澆淋一次熱水，充分溫熱濾杯。這個步驟既能提高萃取效率，也更能提取咖啡豆原始的美味。搭配一般錐形濾紙當然沒問題，但吉田先生建議使用能夠完美貼合濾杯的波浪濾紙。平面底部讓咖啡粉與熱水充分結合，有助於萃取穩定的味道。

【　萃取方式　】

【1 杯份（萃取量：200ml）】
咖啡豆量：14g
熱水量：225ml
熱水溫度：91℃

步驟	累計時間	注水量
第一次注水	0 秒～	30ml
悶蒸	（45 秒）	
第二次注水	50 秒～ 1 分鐘	70ml
第三次注水	1 分 30 秒～	50ml
第四次注水	2 分鐘～	50ml
第五次注水	2 分 30 秒～	25ml
完成		（萃取量）200ml

【　萃取過程　】

1
將 ORIGAMI 摺紙濾杯和木質杯座小心擺放在梅森玻璃罐上，澆淋熱水溫熱備用。

2
鋪上濾紙，再次注入熱水（浸濕）。倒掉流入梅森玻璃罐中的熱水。

3
磨豆機裡倒入數顆分量外的咖啡豆研磨。目的在於去除殘留於磨豆機裡的微量咖啡粉。將分量內的咖啡豆研磨成中顆粒，倒入濾杯後鋪平。

4
從中心往外側注入 30ml 的 91℃ 熱水，然後悶蒸 45 秒。

5
同樣從中心往外側注入 70ml 的熱水。採訪當天使用的是烘焙 3 天後的咖啡豆，因為容易排放氣體，務必慢慢注水，避免咖啡粉飛濺。

6
等待 1 分 30 秒之後注水 50ml，2 分鐘後再注水 50ml。

7
最後從濾紙側面注入 25ml 熱水，讓附著於側面的咖啡粉向中心處集中，幫助提高萃取效率。

8
萃取液完全流入玻璃罐後，移開濾杯。萃取時間 3 分～ 3 分 30 秒。萃取量 190 ～ 200ml。

9
湯匙攪拌後再倒入事先溫熱好的咖啡杯。小心勿觸摸杯緣處。

METHOD - **2** / **私立珈琲小学校** 代官山校舍

Metal drip

使用金屬濾網，
萃取油脂與清澈的酸味

【 味道 】

	1	2	3	4	5
甜味					●
酸味				●	
苦味		●			
濃郁度			●		
香氣					●

滴濾咖啡
580 日圓

絲毫不浪費地萃取咖啡豆含有的油脂。推薦給不喜歡淺焙豆或日曬豆的人。

【 咖啡豆 】

依索比亞咖啡豆
Ethiopia Foge Washing Station
日曬工法處理，淺度烘焙咖啡豆。這是位於耶加雪菲附近的西谷吉地區生產的精品咖啡豆。特色是充滿甘甜味、豐富的水果風味與香氣。100g800 日圓。

【 器具 】

・濾杯：
「CORES 黃金手沖濾杯」
（Oishi and Associates）
・咖啡壺：梅森玻璃罐
・手沖壺：
「雫咖啡細口手沖壺」
（TAKAHIRO）
・電子秤：「V60 手沖專用電子秤」
（HARIO）

　吉田先生開業前曾經造訪位於波特蘭的咖啡店「Courier Coffee」，並且接受店老闆短時間的指導，從細膩的技術到身為老闆該有的態度。除此之外，還從老闆那裡傳承了以黃金手沖濾杯和梅森玻璃罐萃取咖啡液的萃取風格。吉田先生說「黃金手沖濾杯和淺焙豆非常速配，優質的酸味和濃郁度令人深深著迷。」

　黃金手沖濾杯的特色是篩網洞孔比濾紙大，若採用一段式注水，滴濾作業會在短時間內迅速結束，這容易導致萃取不足的咖啡液充滿沙沙的口感。建議使用黃金手沖濾杯萃取時，前半段先慢慢注入 100ml 熱水，後半段再稍微加快速度，這樣才能萃取一杯帶有優質油脂且口感清爽的咖啡。另外，特別留意注水時若直接將熱水倒在濾杯邊緣，熱水可能未通過咖啡粉就直接流入咖啡壺中。

　細研磨咖啡粉容易有微粉，粗研磨比較理想。不需要使用濾紙，相對環保這一點令人感到相當滿意。

【 萃取方式 】

☕ 【1 杯份（萃取量：200ml）】
咖啡豆量：14g
熱水量：225m
熱水溫度：91℃

步驟	累計時間	注水量
第一次注水	0 秒～	30ml
悶蒸	（45秒）	
第二次注水	50 秒～1 分鐘	70ml
第三次注水	1 分 30 秒～	50ml
第四次注水	1 分 45 秒～	50ml
第五次注水	2 分鐘～	25ml
完成		（萃取量）200ml

【 萃取過程 】

1 將黃金手沖濾杯擺在梅森玻璃罐上，注入熱水溫熱所有器具。倒掉流入玻璃罐裡的熱水。

2 磨豆機裡倒入數顆分量外的咖啡豆預先研磨。將分量內的咖啡豆研磨成中粗顆粒，倒入濾網後鋪平。注意研磨顆粒若太細，容易殘留微粉。

3 在中心處注入 30ml 的 91℃ 熱水，然後悶蒸 45 秒。

4 注入 70ml 的水。輕輕上下移動手沖壺，並且有節奏地注入熱水。透過這種方式，便能在短時間內確實萃取咖啡豆的美味成分。

5 1 分 30 秒後注水 50ml，1 分 45 秒後注水 50ml。注水時不要距離外側太近，因為濾網網洞較大，容易未經萃取就直接流入玻璃罐中。

6 萃取液開始流入玻璃罐時，再注水 25ml。

7 萃取液全部流入玻璃罐後，移開濾杯，用湯匙攪拌均勻。萃取時間約 2 分鐘，萃取時間若過長，容易出現苦味，必須加快萃取速度。萃取量約 190～200ml。

8 倒入事先溫熱好的咖啡杯，小心勿觸摸杯緣處。

[京都・丸太町]

スタイルコーヒー

STYLE COFFEE

『STYLE COFFEE』的老闆黑須工先生出生於埼玉縣，曾以咖啡師身分於澳洲墨爾本修業3年左右。回國後服務於一家位於京都的自家烘豆工坊，並於2019年自行創業。

以咖啡豆與萃取指引成套販售而蔚為話題，商品名為「探索Quest」（一期2000日圓）。每一期的主題都不一樣，像是萃取方法、配方豆、最佳配對食物等，而且也會針對購買者給予每一期的課題。店家隨時進行考察並在網路上共享資訊。除此之外，購買咖啡豆的人也能同時取得方法與比例等萃取配方。

基於「能否將冰咖啡也調製成熱咖啡般充滿十足香氣與味道」的想法，構思一款獨特手法調製的冰咖啡。

重視與咖啡豆消費者的「對話」。
一個能夠思考咖啡味覺的空間

老闆黑須工先生表示「思考咖啡味覺是一件很有趣的事。我希望自己的咖啡店是一個能給人這種感受的空間。」2019年4月開業的『STYLE COFFEE』除了供應咖啡、販售自家烘焙的咖啡豆，同時也具有"感官實驗室"的功能，黑須先生說「以公眾杯測為首，這裡也是大家一起進行咖啡考察‧實驗的據點。」

店內經常備有5～6種咖啡豆，為了充分發揮咖啡豆個性，以淺度烘焙為主。

黑須先生表示「使用淺焙豆沖煮咖啡時，一旦配方有所閃失，會變成一杯又酸又澀的走味咖啡，進而讓人有淺焙咖啡不好喝的負面印象。因此販售咖啡豆時，為了讓客人也能自行在家沖煮美味咖啡，如何建議客人、輔助客人都是我的一大課題。」

而關於這個課題，黑須先生最後想出來的對策是針對購買咖啡豆的客人，同時給予萃取配方、咖啡豆與自製萃取指引搭配成套的「探索Quest」，以及不定期舉辦滴濾萃取工作坊。另一方面，店內咖啡豆都是以150g為一個單位，對於3週內就會喝完的客人，黑須先生會詳細說明理由「這是為了讓一般家庭也能在家享用味道穩定的淺焙豆咖啡。」後再幫忙研磨成咖啡粉。

萃取咖啡時，黑須先生最重視的是咖啡粉的粒徑。

黑須先生向我們說明「咖啡粉粒徑若超出一定範圍，容易萃取出所需咖啡成分以外的多餘成分，這也是導致咖啡苦澀等的原因。」店家使用的是「EK43」磨豆機。根據黑須先生的說法，這款磨豆機能夠研磨出粒徑一致的顆粒，而且馬達所在位置比較優，咖啡粉不容易受到馬達發熱的影響。

SHOP DATA

■地址／京都府京都市上京区桝屋町360-1　ペアリーフ御所東1階
■TEL／075（254）8090
■營業時間／8時30分～17時（週六、週日、國定假日9時～）
■公休日／週二日
■坪數、座位／10坪、2席
■平均客單價／900日圓
■URL／https://www.stylecoffee.jp

METHOD - **1** / **STYLE COFFEE**

Paper drip

重視第一口的「甘甜」，
大膽使用萃取效率差的低溫熱水

【 味道 】

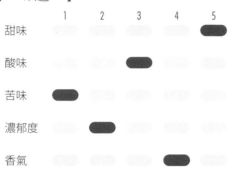

	1	2	3	4	5
甜味					●
酸味			●		
苦味	●				
濃郁度		●			
香氣				●	

衣索比亞
Ethiopia / Haru
450 日圓

充滿李子、水蜜桃、
香檸檬、紅茶般的高
質感味道。

【 咖啡豆 】

衣索比亞 Ethiopia ／ Haru
生產於衣索比亞‧耶加雪菲地區，
水洗工法處理的咖啡豆。烘焙後靜
置 2 星期左右養豆，香味、甜味達
到飽滿程度時即可使用。150g1300
日圓。

【 器具 】

‧濾杯：
　「V60 濾杯」（HARIO）
‧濾紙濾材：
　「V60 專用濾紙 01」
　（HARIO）
‧手沖壺：「咖啡細口手沖壺」
　（TAKAHIRO）
‧電子秤：（HARIO）
‧咖啡壺：
　「UNITEA 玻璃茶壺」
　（KINTO）

『STYLE COFFEE』的萃取原則為咖啡豆與熱水比例為 1：16。使用 HARIO 的 V60 濾杯，不僅容易控制萃取，也能提取清澈又具有咖啡豆豐富酸味的咖啡液。

第一次注水包含悶蒸，共計注水 4 次，以細小水柱慢慢注水，於 2 分 20 秒左右完成萃取。

另外，以淺焙豆進行萃取時，一般來說，使用 90℃ 以上的熱水最有效率，但這家店大膽使用溫度略低的 89℃ 熱水。熱水溫度低於 90℃ 時，萃取效率會變差，但據說只要有專家級的穩定注水技術和適當的顆粒研磨程度，就能完美克服這個問題。

身為老闆的黑須先生表示「明知萃取效率差，卻還是使用溫度略低的熱水萃取，這是因為我非常重視第一口的『甘甜』味。畢竟注水溫度愈低，愈能感受到這個甘甜味。」

【 萃取方式 】

☕ **【1 杯份（萃取量：185ml）】**
咖啡豆量：13g
熱水量：208ml
熱水溫度：89℃

步驟	累計時間	注水量
第一次注水	0 秒～	35ml
悶蒸	（60 秒）	
第二次注水	60 秒～	40ml
第三次注水	1 分 15 秒～	70ml
第四次注水	1 分 45 秒～	63ml
完成	2 分 20 秒左右	（萃取量）185ml

【 萃取過程 】

1 在濾杯中舖濾紙。濾杯溫度若太低，容易影響萃取效率，所以事先澆淋熱水溫熱濾杯。倒掉流入咖啡壺裡的熱水。

2 將研磨成中顆粒的咖啡粉倒入濾杯中。

3 第一次注入 35ml 的熱水，淋濕整個咖啡粉表面。

4 靜置 60 秒悶蒸。熱水滲透至咖啡粉縫隙中，讓咖啡粉慢慢膨脹。這樣才能確實萃取咖啡豆的精華。務必確保悶蒸時間。

5 第二次注水 40ml。注水時不要只集中在單一處，這容易造成熱水無法均勻滲透。另外，也不要針對濾杯壁面注水。

6 第三次注水，於 1 分 15 秒內注入 70ml 熱水。於 1 分 45 秒第四次注水，注入 63ml 的熱水。手沖壺的壺嘴大小剛剛好，容易控制注水量，所以「TAKAHIRO」的手沖壺向來是我的最愛。

7 大約 2 分 20 秒時，咖啡完全流入咖啡壺中。倒入咖啡杯中即可上桌。

METHOD - 2 / STYLE COFFEE

Paper drip

活用第一次注水後的萃取液味道，使用 2 個咖啡壺打造「值得細細品嚐的冰咖啡」

【　味道　】

	1	2	3	4	5
甜味				●	
酸味			●		
苦味		●			
濃郁度			●		
香氣				●	

冰咖啡
600 日圓

充分活用咖啡豆具有的水果酸味，享受咖啡的美好滋味。為了讓客人感受咖啡味道隨溫度而改變，上桌時不另外添加冰塊。

【　咖啡豆　】

宏都拉斯／卡巴雷洛
（Honduras / Caballero）
宏都拉斯・馬卡拉產的水洗豆。充滿果乾、抹茶味道，口感相當滑順。150g1350 日圓。

【　器具　】

・濾杯：「V60 濾杯」
　（HARIO）
・濾紙濾材：
　「V60 專用濾紙 01」
　（HARIO）
・手沖壺：「咖啡細口手沖壺」
　（TAKAHIRO）
・電子秤：（HARIO）
・咖啡壺：
　「UNITEA 玻璃茶壺」
　（KINTO）

「不少人認為，正因為是冰咖啡，所以不可能會有熱咖啡般的香氣與味道。但我想要打造出更多幸福感。」基於這樣的想法，『STYLE COFFEE』的老闆黑須先生構思了這一款獨創冰咖啡。

調製冰咖啡時，1 杯分量所需要的咖啡豆量、熱水量、熱水溫度、萃取量、萃取器具都和沖煮熱咖啡時一模一樣。唯一不同之處是沖煮冰咖啡時會準備 2 個咖啡壺。

黑須先生說「沖煮滴濾咖啡時，第一次注水的熱水量稍微多一些，盡量萃取較多咖啡成分。不要立刻急速冷卻萃取液，藉此保留味道。」咖啡壺盛裝第一次注水的萃取液後，取另外一只咖啡壺盛裝接下來每一次注水後的萃取液，並且以冰水急速冷卻。將二者混合一起後，再置於冰水中冷卻至 15℃。這就是黑須先生獨創的冰咖啡。

【 萃取方式 】

【1 杯份（萃取量：185ml）】
咖啡豆量：13g
熱水量：208ml
熱水溫度：89℃

步驟	累計時間	注水量
第一次注水	0 秒～	50ml
悶蒸	（60 秒）	
第二次注水	60 秒～	40ml
第三次注水	1 分 15 秒～	60ml
第四次注水	1 分 45 秒～	58ml
完成	2 分鐘左右	（萃取量）185ml

【 萃取過程 】

1 濾杯中鋪好濾紙。濾杯溫度若太低，容易影響萃取效率，所以事先用熱水溫熱濾杯。倒掉流入咖啡壺裡的熱水。準備 A 和 B 二個咖啡壺。

2 將 A 咖啡壺擺在電子秤上，再將裝有中研磨咖啡粉的濾杯擺在咖啡壺上。第一次注入 50ml 的熱水後進行悶蒸。約 60 秒後，從電子秤上移走 A 咖啡壺。

3 接著將 B 咖啡壺擺在電子秤上，然後將 ② 的濾杯移至 B 咖啡壺上，開始第二次注水 40ml。

4 1 分 15 秒時開始第三次注水 60ml，然後在 1 分 45 秒的時候第四次注水 58ml。約莫 2 分鐘，萃取液完全流入咖啡壺中。第二～第四次注水的萃取液都流入 B 咖啡壺中。

5 將 B 咖啡壺置於冰水中，急速冷卻至 15℃。A 咖啡壺內的萃取液則保持原本的溫度。之所以設定在 15℃，是參考葡萄酒於 12℃ 以上開始出現味道與香氣。

6 將 A 咖啡壺裡的萃取液倒入冷卻後的 B 咖啡壺中，整體溫度達 15℃ 後再注入玻璃杯中。

［愛知・名古屋］

雙份濃縮咖啡トール イントゥ カフェ

double tall into cafe

METHOD-1
Espresso

METHOD-2
Paper drip

多間加盟店所使用的吧台型義式濃縮咖啡機。

將滴濾咖啡倒入保溫性佳的外帶杯中，滿滿的 240ml。「NAGOYA 綜合咖啡」即便溫度下降，也不容易產生酸味，適合邊走邊喝。

接受客人點餐後，一杯一杯萃取。從街道上隔著玻璃就可以看到萃取咖啡液的模樣，正好藉此引起路人的興趣。2022 年於縣內購物中心設立同樣類型的站著喝咖啡店。

採購一批新的烘焙豆時，為了維持穩定的品質，會事先進行測試萃取，並使用糖度計確認濃度。

由本店『double tall into cafe』開發並取得國際專利的蒸氣噴頭「Magic Tip®」。裝於義式濃縮咖啡雞的噴嘴前端，用於製作奶泡。這個小配件深受國內外連鎖咖啡店和咖啡師喜愛。

展現咖啡師手腕的義式濃縮咖啡萃取，
以及針對一般家庭的手沖咖啡提案

追求正統的義式濃縮咖啡，從栽種咖啡豆到機器開發都不惜投入心力的咖啡公司『double tall into cafe』。因新冠肺炎疫情的關係，外帶需求逐漸增加，為了因應這樣的趨勢，站著喝咖啡新店於2020年9月開幕。地點就選在購物人潮和上班族經常出入的名古屋主要街道沿線。以輕鬆休閒的方式就能享受一杯來自資深咖啡師親手調製的高品質咖啡，自開幕以來，受到的支持與迴響遠超過預期。

站在吧台前的是『double tall into cafe』創始成員之一的近藤雅之先生。使用2種萃取手法提供濃縮咖啡和手沖滴濾咖啡。製作濃縮咖啡的義式濃縮咖啡機是『double tall into cafe』開發的吧台型咖啡機。每一台皆配備蒸汽鍋爐，可以隨時調整氣壓。店裡提供的濃縮咖啡是短沖，水量比一般濃縮咖啡少一半。由於些許誤差也會影響最終萃取成果，必須確實測量咖啡豆用量和萃取濃度以維持穩定品質。濃厚義式濃縮咖啡裡添加以取得國際專利的蒸氣噴頭所製作的綿密細緻奶泡，藉此打造完美的咖啡拿鐵，而這同時也是店家招牌咖啡之一。

另外，使用原創配方豆或單一產區咖啡豆調製的手沖滴濾咖啡也相當受到歡迎。使用波浪濾紙沖煮滴濾咖啡，促使確實提取咖啡豆原有的成分。咖啡粉膨脹成圓頂狀時，比較容易攪拌，也比較容易看清楚咖啡粉含水膨脹的經過。以濾杯為首的手沖咖啡器具，一般人在家也能輕鬆使用，兼具功能與設計感。近藤先生表示「開設一家站著喝咖啡店的原因之一是近來在家享用咖啡的人愈來愈多。而且比起一般有座位的咖啡店，站著喝咖啡店更能拉近與客人之間，也能讓客人就近觀看萃取過程，作為他們自己在家沖煮咖啡時的參考。」接下來，公司也將投注心力在咖啡豆的銷售上。

SHOP DATA

■地址／愛知県名古屋市中区栄 3-32-30

■ TEL ／ 052（684）9230

■營業時間／ 10 時～ 22 時 30 分

■公休日／全年無休

■坪數、座位／ 5 ～ 6 坪、8 ～ 9 席

■平均客單價／ 600 日圓

■ URL ／ https://www.instagram.com/doubletall.into.cafe/

METHOD – **1** / **double tall into cafe**

Espresso

短沖萃取，
突顯味道的厚重感與獨特個性

【 味道 】

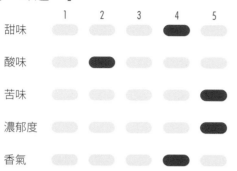

	1	2	3	4	5
甜味				●	
酸味		●			
苦味					●
濃郁度					●
香氣				●	

義式濃縮咖啡
360 日圓

綿密細緻的咖啡脂層下，是宛如巧克力般濃郁且醇厚的咖啡萃取液。厚重中充滿強而有力的味道。

【 咖啡豆 】

濃縮配方豆
製作義式濃縮咖啡專用的深焙豆。訂購自烘豆師‧廣井政行先生的獨創名古屋配方豆，以巴西、寮國咖啡豆為主，再混合令人留下強烈印象的羅布斯塔種印度豆。100g600日圓。

【 器具 】

- 義式濃縮咖啡機：
  「TALL XPRESSO®」
  （Double Tall Coffee Original）
- 磨豆機：特別訂製品
  （ANFIM）
- 填壓器（PULLMAN）
- 電子秤：「Ratio Scale」
  （BREWISTA）

「TALL XPRESSO®」一台形狀俐落、設計簡潔的義式濃縮咖啡機，放在站著喝咖啡店裡非常速配。悶蒸的同時施加壓力，將咖啡豆成分加以濃縮並萃取。

咖啡豆方面，搭配使用具有厚重感、犀利感的專用配方豆。以短沖方式萃取，13g 的單份濃縮咖啡，使用 19g 咖啡豆。即便和牛奶混合在一起，也確實感受得到咖啡美味的濃縮咖啡。

另外，對於維持咖啡品質，店家更是用心，像是使用旋轉式磨豆機。自動測量難免會產生誤差，改用手動操作取出咖啡豆，再使用電子秤精準測量，便能維持固定不變的用量。人工手動操作，也算是咖啡師專業技能的一種表現。除此之外，每次新進一批咖啡豆，必定進行測試萃取，並且使用糖度計確認數值，目標值為 16 ～ 17％，數值若過低，則要調整磨豆機的粗細研磨設定，將咖啡豆研磨得細一些。

【 萃取方式 】

【雙份濃縮咖啡（萃取量：26ml）】

咖啡豆量：38g

氣壓：9 氣壓

熱水溫度：93℃

步驟	訣竅
研磨	極細研磨
計量	精準測量 38g
佈粉	均勻抹平
填壓	保持填壓器呈水平，力道均勻地向下施壓
萃取	38 ～ 40 秒

【 萃取過程 】

1

以磨豆機將咖啡豆研磨成極細顆粒，使用可撓式攪拌棒將適量的咖啡粉填入沖煮把手粉杯中。

2

使用電子秤，精準量測 19g 咖啡粉。

3

抹平咖啡粉後，以拇指和食指拿取填壓器，保持水平地垂直向下施壓，均勻地將咖啡粉壓緊。

4

將沖煮把手裝在濃縮咖啡機上，再將咖啡杯置於電子秤上後即可開始萃取。

5

悶蒸的同時進行施壓，一開始萃取液會以水滴形式滴入咖啡杯中。

6

萃取液慢慢以水流方式流入咖啡杯中。

7

達到雙份濃縮咖啡的 26ml 後，萃取結束（從開始到結束約 38 ～ 40 秒）。金黃色濃密的咖啡脂層，周圍布滿細緻白色泡沫，這就表示成功萃取。

METHOD - **2** / double tall into cafe

Paper drip

透過咖啡粉的膨脹以濃縮咖啡豆精華，充分萃取美味成分

【 味道 】

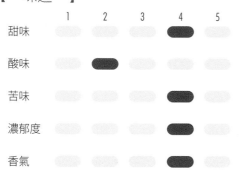

	1	2	3	4	5
甜味				●	
酸味		●			
苦味				●	
濃郁度				●	
香氣				●	

NAGOYA 綜合咖啡
480 日圓

紮實的濃郁感與口感，入口的瞬間，花香味瀰漫整個鼻腔中。即便咖啡溫度降低，也不會產生酸味。

NAGOYA 配方豆
以哥倫比亞、巴西和寮國咖啡豆為基底，再混合充滿華麗花香的衣索比亞‧西達摩咖啡豆。以味道和香氣均衡的中度烘焙處理，呈現充滿名古屋咖啡文化的苦味、厚重感、甜味兼具的現代感氣息。100g600 日圓。

【 器具 】

- 濾杯：
  「波浪濾杯」（KALITA）
- 濾紙濾材：
  「波浪濾紙」（KALITA）
- 咖啡壺：
  「300G 玻璃咖啡壺」（KALITA）
- 手沖壺：
  「KEDP-600 防漏噴嘴電熱手沖壺（銀色）」（KALITA）
- 電子秤：「Ratio Scale」（BREWISTA）

製作滴濾咖啡時，使用 KALITA 波浪系列的濾杯。藉由咖啡粉進入波浪凹槽中，使整個咖啡粉結構更穩定，有助於咖啡粉的順利膨脹。悶蒸後的注水採少量多次，1 次約 20ml，反覆讓咖啡粉吸收水分。這次使用帶有苦味、具有深度且充滿華麗香氣的「NAGOYA 綜合咖啡」配方豆。悶蒸時間縮短為 30 秒左右，味道雖然濃郁，但口感清爽。

除了招牌配方豆，還準備 3 種單一產區咖啡豆。萃取配方因咖啡豆種類而異，但這次推薦給大家的是利用熱水溫度進行控制，這在一般家庭裡也能輕鬆操作。以 92℃ 的熱水為基準，想喝苦一點，就提高熱水溫度 1～2℃；想喝香氣濃郁一點，就降低熱水溫度 1～2℃。想要味道與香氣兼具，咖啡粉的厚度也很重要，使用咖啡粉不易膨脹的淺焙豆時，選擇口徑小一號的濾杯以增加咖啡粉的厚度。想要萃取更多咖啡豆成分時，建議將悶蒸時間延長為 1 分鐘。

【　萃取方式　】

【1 杯份（萃取量：240ml）】
咖啡豆量：20g
熱水量：260ml
熱水溫度：92℃

步驟	訣竅	注水量
第一次注水	淋濕咖啡粉	30ml
悶蒸	（25～30秒）	
第二次注水	以慢慢畫圓的方式注水	20ml
第三次注水～	膨脹的咖啡粉凹陷後再注水，重複同樣動作	1 次 20ml
完成	自悶蒸算起約 3 分鐘	240ml

【　萃取過程　】

1
濾杯擺在咖啡壺上，一起放在電子秤上面。在濾杯中鋪好濾紙，然後倒入中研磨咖啡粉。

2
注入 30ml 的 92℃ 熱水，先將咖啡粉淋濕。

3
悶蒸 30 秒左右後，從中心向外側，以繞圈方式慢慢注入熱水。

4
咖啡粉吸附在濾杯周圍，中心部位慢慢膨脹形成圓頂狀。反覆注水讓圓頂狀邊縮小邊萃取咖啡豆成分。

5
持續注入熱水，讓咖啡液像沙漏般從中心處慢慢向下滴落。

6
注水量達 260ml 時即停止注水。

[大阪・新町]

メルコーヒーロースターズ

Mel Coffee Roasters

平時店裡備有大約 10 種的咖啡豆，其中有 1～3 種配方豆，其餘則為單一產區的單品豆。外帶咖啡品項中，除了使用藝伎、卓越杯咖啡豆的高級咖啡外，其餘都是 1 杯 500 日圓。

店老闆文元政彥先生。2010 年～2013 年於澳洲墨爾本進行咖啡師修業，回國後於 2014 年取得咖啡品質鑑定師執照，並於 2016 年 1 月創業。曾經擔任日本咖啡沖煮大賽、日本手沖咖啡大賽的認證評審。

左／特色為螺旋狀肋柱和底部 1 個大洞孔的 HARIO 的 V60 錐形濾杯。基於耐熱和衛生考量，選擇玻璃材質的 V60 濾杯。另外也使用右／台灣台北的「TASTER's COFFEE（饕選咖啡）」生產的濾杯「粒粒」。多條肋柱搭配 8 孔，同樣能做到和 HARIO 的 V60 一樣的萃取。

專賣精品咖啡的自家烘焙咖啡店。使用在德國重新檢修改造的 1968 年製 PROBAT 烘豆機。可烘焙零售用和供應 120 家左右批發商的咖啡豆。

以適合淺焙豆的濾杯進行萃取。
一杯令人留下深刻記憶的咖啡

文元政彥先生還是一名上班族的時候，一次前往夏威夷的機會讓他對國外產生濃厚興趣，進而決定環遊世界一周。為了精進英文，文元先生前往澳洲墨爾本就讀管理學校，同時也以咖啡師的身分在墨爾本工作。文元先生原本不喜歡苦澀的咖啡，卻在接觸當時墨爾本流行的精品咖啡後深受感動。回國後，先在精品咖啡專賣店的先驅「mill pour」（大阪·南船場）工作，然後於 2016 年 1 月自行創業『Mel Coffee Roasters』，當時日本精品咖啡專賣店還算是相對稀少，基於「想要直接將咖啡豆莊園打造的咖啡豆原始味道傳遞給大家」的想法，使用淺度烘焙咖啡豆以加深眾人印象，現在『Mel Coffee Roasters』終於成功了，已經是一家咖啡愛好者經常光顧的人氣咖啡店。

自開業初期就使用德國製的 PROBAT 烘豆機，其中還包含一台以個人身分進口的 1968 年製 VINTAGE 烘豆機。挑選這台烘豆機的原因在於「精品咖啡豆的水分含量比其他一般生豆高，處理時必須確實烘乾，多方嘗試下，還是覺得這台烘豆機最為合適。」

「基礎萃取從測量開始」，店家使用 ULTRAKOKI 最先進的電子秤。上下雙秤稱重，測量注水的熱水量與萃取量。電子秤具藍芽連接功能，可以透過數字和圖表清楚知道累計注水量、液體溫度，有助於將最佳萃取配方數值化並確實掌控。文元先生說「熱水溫度過高，容易出現苦味；溫度過低，無法確實萃取咖啡成分。必須確實掌握最佳溫度。」然而就算準確測量熱水溫度，畢竟熱水與咖啡粉接觸時的溫度也會受到氣溫影響，所以備有一台能夠得知萃取液溫度的電子秤真的非常實用。

SHOP DATA

■地址／大阪府大阪市西区新町 1-20-4
■TEL ／ 06（4394）8177
■營業時間／ 11 時～ 18 時 短縮營業中
■公休日／週一
■坪數、座位／約 2.6 坪、6 席（室外長椅）
■平均客單價／ 1300 日圓～ 1500 日圓
■ URL ／ https://mel-coffee.jp

METHOD - **1** / **Mel Coffee Roasters**

Paper drip

咖啡粉與熱水接觸時間約 6 秒。
根據季節（室外氣溫）調整熱水溫度

【 味道 】

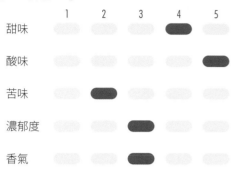

	1	2	3	4	5
甜味				●	
酸味					●
苦味			●		
濃郁度			●		
香氣			●		

手沖滴濾咖啡
（KENYA Kegwa AA）
500 日圓

是一杯充滿水果清爽酸味的咖啡。滴濾咖啡的價格為 500 日圓起跳，而且只提供外帶，盛裝在印有店家 logo 的紙杯中。店裡除了滴濾咖啡，還提供義式濃縮咖啡、咖啡拿鐵、卡布奇諾、馥芮白（Flat white）等品項。

【 咖啡豆 】

肯亞 KENYA Kegwa AA
遠赴肯亞・基里尼亞加郡產的咖啡櫻桃集散地瓦庫利處理廠，杯測後直接大量採買。特色是充滿茉莉花香和清爽的水果風味，而且極具透明感。採水洗法處理。AA 是指咖啡豆大小等級中最大的尺寸。200g1700 日圓。

【 器具 】

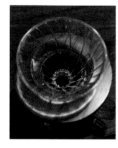

・濾杯：
「V60 錐形濾杯」（HARIO）
・濾杯：
「漂白 01 濾紙」（HARIO）
・咖啡壺：「雲朵咖啡壺」
（HARIO）
・電子秤：（ULTRAKOKI）
・手沖壺：電水壺（BREWISTA）

主要使用 HARIO 的 V60 濾杯。挑選這款濾杯的理由是熱水流速快，透過控制注水以萃取理想中的味道。搭配使用 ULTRAKOKI 最先進的電子秤，在同店的 YouTube 頻道影片中也曾經介紹過相關萃取配方。

基於萃取味道會受到熱水接觸咖啡粉時的溫度影響，夏季使用 83℃ 的熱水，冬季使用 96℃ 的熱水。注水 6 秒鐘，靜待 24 秒後再進行第二次注水，以同樣步調進行第三次、第四次注水。無論什麼咖啡，最先萃取出來的成分一定是酸味。第一次注水萃取酸味，第二・三次注水萃取甜味，第四次注水調整濃度。理想的 TDS（濃度）為 1.3 ～ 1.4。這個配方適用於各種咖啡豆，唯一不同之處是咖啡粉的研磨顆粒程度。這次使用的是中研磨的 KENYA Kegwa AA 咖啡豆。

另外，類似 V60 的萃取器還有 GINA 品牌的手沖智慧咖啡壺。熱水流速和 HARIO 的 V60 相似，使用上非常方便，也適合萃取醇厚感較為強烈的咖啡。

【 萃取方式 】

【1 杯份（萃取量：225ml）】
咖啡豆量：15g
熱水量：250ml
熱水溫度：夏季 83℃、冬季 96℃

步驟	累計時間	注水量
第一次注水	0 秒～ 6 秒	40ml
悶蒸	（24 秒）	
第二次注水	30 秒～ 36 秒	80ml
第三次注水	1 分鐘～ 1 分 6 秒	65ml
第四次注水	1 分 30 秒～ 1 分 36 秒	65ml
完成	2 分 30 秒～ 45 秒	（萃取量）225ml

【 萃取過程 】

1 濾杯中鋪好濾紙，注入沸騰熱水浸濕。在這段期間研磨 1 杯分量所需要的咖啡豆，中顆粒研磨（500 ～ 600 微米）。

2 開始量測注水量。從中間向外側注水，6 秒內注入 40ml 熱水，靜置 24 秒。

3 中間－外側－中間反覆注水，讓咖啡粉均勻淋上熱水。第二次注水，6 秒內注入 80ml 熱水、第三次注入 65ml 的熱水。

4 第四次注入 65ml 的熱水。

5 第四次注水時，集中注入在中心處。注水結束後，輕輕搖晃濾杯，讓附著於濾杯內側壁的咖啡粉落入中心處，萃取量達 225ml 時移開濾杯。

6 為了充分萃取，將咖啡粉表面抹平。淺焙豆 15g，萃取時間為 2 分 30 秒～ 45 秒。使用深焙豆時，注水量比使用淺焙豆時少 30ml，而且萃取時間為 2 分～ 2 分 30 秒。

[福岡・福岡]

綾部珈琲店

METHOD-1　METHOD-2
Paper drip　　Nel drip

使用內側呈花瓣形狀的錐形花瓣濾杯。為了使咖啡粉完全浸漬在熱水中，有時也會用手讓濾杯稍微傾斜。

老闆兼烘焙師的井田悠樹先生。井田先生曾經在一家專賣濾布滴濾咖啡的「綾部珈琲」店（現已停業）當學徒，為了讓當時的常客知道自己開店，便直接將自家咖啡店取名為『綾部珈琲』。

使用自家烘焙咖啡豆，平時備有 6 種單一產區咖啡豆。除了使用花瓣濾杯搭配濾紙萃取滴濾咖啡，店家也提供義式濃縮咖啡。

目前店家不再供應濾布滴濾咖啡，但特別商請從濾布滴濾咖啡起家的井田先生指導我們如何沖煮濾布滴濾咖啡。以非常細小的水柱注水，為了避免過濾層坍塌，要盡量讓熱水水蒸氣覆蓋於濾杯上方。

無論使用淺焙豆或深焙豆，
重視過濾層所打造的醇厚感

「綾部珈琲店」開業於 2019 年 10 月，前身是一家 15 年前位於福岡市城南區別府，同樣名為「綾部珈琲店」的咖啡廳，當時的咖啡廳主打濾布滴濾咖啡，雖然所在位置不起眼，卻深受咖啡愛好者喜愛。井田悠樹先生曾任這家咖啡廳的店長，但因為對義式濃縮咖啡機的萃取方式非常感興趣而轉往東京「Macchinesti Coffee」進修學習。井田先生說「我從濾布滴濾咖啡入門，對當時還算少見的義式濃縮咖啡機充滿濃厚興趣，所以在沒有任何事先安排下，就大膽前往東京。」

在那之後，一度轉行從事長距離卡車駕駛的工作。因工作性質的關係，必須在全國各地四處移動，正好也藉由這個機會拜訪各地的咖啡店，順便摸索尋找自己真正喜歡的咖啡。吉田先生表示「我本身很喜歡露營，而我的咖啡人生來自於使用土耳其咖啡壺沖煮咖啡。在那段期間我再次深刻體認帶有厚重感的咖啡才是我所追求的味道，因此現在這家店才會以能夠真實呈現這種味道的滴濾咖啡為主角。」

開店之初，我同時採用濾布滴濾和濾紙滴濾 2 種萃取方法，但目前僅使用濾紙。井田先生解釋「使用花瓣形狀的錐形濾杯，有助於形成較厚的過濾層，進而產生較為理想的熱水對流現象，再加上深肋柱能夠促使咖啡粉充分膨脹，讓咖啡粉與熱水結合在一起。這種膨脹方式和使用濾布時大不相同。另一方面，使用添加馬尼拉麻纖維的棉麻濾紙，液體滲透性穩定，能夠透過注水量來控制味道。基於上述這些理由，判斷使用一種花瓣濾杯就足以滿足各項條件。」透過厚實過濾層所萃取出來的厚重感，的確為店裡帶來不少熱愛咖啡的忠實粉絲。

SHOP DATA

■ 地址／福岡県福岡市城南区茶山 5-7-1
■ TEL ／ 050（1432）2714
■ 營業時間／ 11 時～ 20 時（最後點餐時間 19 時 30 分）
■ 公休日／週一
■ 坪數、座位／ 10 坪、12 席
■ 平均客單價／店內飲用 900 日圓，咖啡豆 1400 日圓
■ URL ／ https://www.instagram.com/ayabecoffee

METHOD - 1 ／ **綾部珈琲店**

使用近似濾布滴濾萃取理論的花瓣濾杯

Paper drip

【　味道　】

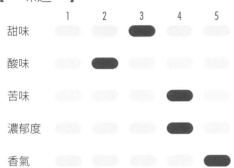

	1	2	3	4	5
甜味			●		
酸味		●			
苦味				●	
濃郁度				●	
香氣					●

滴濾咖啡
500 日圓

使用中度烘焙咖啡豆。整個過程都以涓涓細流的水柱注水，咖啡液充滿濃郁醇厚感。順滑的酸味到最後轉為甜味。

【　咖啡豆　】

哥斯大黎加
Hacienda La Chimba 莊園
將卡杜艾種和波旁種混合在一起，並且經過蜜處理的配方豆。帶有櫻桃和焦糖般的甜味，以及杏仁的香氣。中度烘焙後，口中會留下順滑的酸味。100g700 日圓。

【　器具　】

・濾杯：
　「有田燒陶瓷花瓣濾杯」
　（三洋產業）
・濾紙濾材：
　「ABACA 棉麻纖維濾紙」
　（三洋產業）
・手沖壺：銅製手沖壺（KALITA）
・咖啡壺：
　「玻璃咖啡壺」（三洋產業）

　濾紙搭配花瓣濾杯。選擇濾紙是因為透過濾杯中的深肋柱，能夠讓吸飽熱水的咖啡粉順利膨脹，而且錐形構造也有助於深厚的過濾層不容易坍塌。也就是說，這種形狀的濾杯最有利於萃取出具濾布滴濾效果的咖啡液，無論使用哪一種烘焙程度的咖啡豆，都能萃取出井田先生最重視的醇厚感。

　基本上，注水方式同濾布滴濾，只集中在濾杯中心處附近。降低手沖壺的壺嘴位置，注水量也盡量小一些，從第二次注水到最後一次都以斷斷續續的方式注水。如同操作濾布滴濾萃取，時而傾斜濾杯，時而旋轉濾杯，讓熱水確實滲透至咖啡粉中，也避免過濾層坍塌。井田先生說「從濾杯中散發的香氣和咖啡粉狀態來進行判斷也是非常重要的步驟。最終要有熱水或水蒸氣完全滲透至咖啡粉裡面的感覺。」

【 萃取方式 】

【1杯份（萃取量：約130ml）】
咖啡豆量：16.3g
熱水量：無測量
熱水溫度：90℃

步驟	訣竅
第一次注水（悶蒸）	淋濕咖啡粉
第二次注水	排出空氣，咖啡粉因重力而下沉
直到最後	以細小如線或點滴方式注水。最後從壺嘴最接近咖啡粉的位置注水，萃取量達130ml後移開濾杯

【 萃取過程 】

用磨豆機將咖啡豆研磨成微粗的中顆粒。根據咖啡豆熟成度調整豆量，以0.1g為單位。1杯咖啡（130ml）使用16.3g的咖啡豆。

第一次注水。從壺嘴最接近咖啡粉的位置注入熱水，然後慢慢提高壺嘴高度，讓熱水進入深層。

排除空氣後，咖啡粉開始因重力而下沉時，進行第二次注水。

從第二次注水開始，以極為細小的水柱或點滴方式注入熱水。

基本上，注水在中心處附近，慢慢以畫圓方式擴大範圍。這時候要降低注水高度。

最後，為了防止濾紙中的咖啡粉層坍塌，要從更接近濾杯的位置注水。最終萃取約130ml的咖啡液。

METHOD - **2** ／ **綾部珈啡店**

Nel drip

防止濾布內咖啡層坍塌，
形成又厚又紮實的過濾層

【　味道　】

	1	2	3	4	5
甜味				●	
酸味	●				
苦味				●	
濃郁度					●
香氣					●

濾布滴濾咖啡
600 日圓

濃度高且醇厚感強烈。
另一方面，萃取溫度
低且研磨顆粒粗，所
以不容易產生雜味，
喝起來也格外順口。
最大特色是獨具個性
的甘甜香味。

【　咖啡豆　】

印尼
Mandheling Bintang Lima
以印尼語來說，Bintang 是「星星」
的意思，Lima 是「五」的意思，
代表這是曼特寧（Mandheling）
品種中等級非常高的咖啡豆。特色
是強勁的苦味與醇厚感，以及一絲
淡淡的甜味。深度烘焙讓口感更為
濃郁且清澈。100g720 日圓。

【　器具　】

· 濾布濾材：（HARIO）
· 手沖壺：銅製手沖壺（KALITA）

井田先生說「手沖咖啡時，我最重視的是從
一開始到最後都要維持濾紙中的咖啡粉層不崩
塌。」注入熱水時盡量不增加水的壓力，盡可
能以細小水柱注水，偶爾改以點滴方式，而且
僅從中心處注水。時而傾斜、旋轉濾布過濾
器，讓熱水確實滲透至咖啡粉中。

無論使用哪一種咖啡豆，首重醇厚度。濾布
滴濾搭配深焙豆的組合情況下，若要特別表現
醇厚度，必須減少萃取量（使用相同分量的咖
啡粉）。為了多花點時間慢慢萃取，稍微調降
熱水溫度。一開始確實會量測熱水量與時間，
但畢竟烘焙豆的狀況會隨著時間經過而改變，
一旦過於堅持，反而無法萃取美味咖啡。因此
目前只會將咖啡豆用量、熱水溫度和萃取量數
值化並作為參考依據。另外，從咖啡粉湧出的
氣泡變大之前，也是萃取完成的一項依據。

【 萃取方式 】

☕ 【1 杯份（萃取量：約 100ml）】
　　咖啡豆量：31g
　　熱水量：約 100ml
　　熱水溫度：65℃

步驟	訣竅
第一次注水	觀察熱水滲透至咖啡粉的情況與膨脹方式並注水
第二次注水	以非常細小的水柱注水，視情況改以點滴方式注水
直到最後	熱水滲透至咖啡粉中，液體開始流入咖啡杯裡時，持續以斷斷續續的方式注水。萃取 100ml 左右時即可停止

【 萃取過程 】

1 咖啡杯裡倒入熱水，然後蓋上濾布，目的是溫熱咖啡杯，同時也利用熱水的水蒸氣加濕濾布。

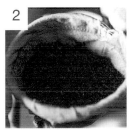

2 將咖啡豆研磨成粗顆粒。粗顆粒可以避免萃取時出現雜味。1 杯濾布滴濾咖啡（約100ml）使用 31g 咖啡豆。

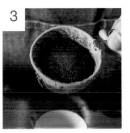

3 稍微調降熱水溫度，設定在65℃。不測量注水量、注水次數和時間，而是根據咖啡粉的滲透情況和膨脹程度進行判斷。

4 稍微傾斜濾布過濾器，讓熱水均勻滲透至整個咖啡粉。

5 濾布表面潮濕是即將開始萃取的暗號。

6 持續傾斜並旋轉濾布過濾器的動作，直到咖啡粉全都浸漬在熱水中。

7 直接在中心處注水。盡量不要用大水柱施壓，而是慢慢讓熱水滲透至咖啡粉中。

8 萃取液開始流入咖啡杯之後，也要持續傾斜並旋轉濾布過濾器的動作。

9 當濾布過濾器裡裝滿熱水，萃取液會陸續開始流入咖啡杯中。這時候注入一定分量的熱水，萃取至100ml 左右時就完成了。

Paper drip

[大阪・豊中]

カフェド ブラジル チッポグラフィア

Cafe do BRASIL TIPOGRAFIA

由左至右為淡綠色、黃色、限定商品天藍色的「名門濾杯」，以及同樣出自 KONO 的「名人濾杯」。依照咖啡豆的烘焙程度使用不一樣的濾杯。

提供店內飲用咖啡的同時也販售咖啡豆。既是人氣品項，也是暢銷商品的每月配方豆，是以「最像咖啡廳的咖啡」之正統咖啡味道加上季節性風味的概念調製而成。咖啡飲品單中，中度烘焙的「VERDI（Ensemble・恰如其分派）」咖啡就是其中一種。

以自家烘豆咖啡和巴西為主題的咖啡店，使用關西河野社長直接傳授的河野式萃取方法。在店裡一邊聆聽巴薩諾瓦音樂和爵士樂，一邊悠閒享用剛沖煮好的咖啡和自製甜點。目前以零售咖啡豆為主，也兼營咖啡豆的批發工作。

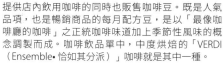

店老闆山崎雄康先生。在咖啡路上尋覓摸索的時候，因緣際會下深受珈琲虹吸式股份有限公司的社長河野雅信先生沖煮的咖啡所感動，於是決定加入河野式咖啡學校。自 2004 年努力學習 1 年後，進入同公司工作，並於 2005 年 12 月創設『TIPOGRAFIA』。

使用恩師開發的河野式濾杯。
打造悠閒咖啡館的咖啡風味

『TIPOGRAFIA』位於大阪・豐中市內恬靜的住宅區，一開就是 18 年，多年來始終如一，堅持一貫的風格與自家烘豆咖啡的美味。開業於第三波咖啡浪潮來日之前的 2005 年。

店老闆山崎雄康先生於 30 多歲時辭去上班族工作，轉身投入咖啡世界。在尋找學習沖煮咖啡的地方時，發現咖啡器具製造商珈琲虹吸式股份有限公司所經營的河野式咖啡學校，並於學習過程中第一次接觸河野式名門濾杯。山崎雄康先生回首過往說道「我這一生喝過的最美味咖啡是恩師河野雅信先生（珈琲虹吸式股份有限公司社長）為我沖煮的咖啡。使用大量粗研磨咖啡粉萃取，雖然看似清澈，卻不會淡而無味，風味好比濃厚的濾布滴濾咖啡。」打從那時候起，山崎先生開始蒐集 KONO 的萃取器具，濾杯方面也一直沿用最初使用的「名門濾杯」。終極目標是沖煮順口又清爽的咖啡。而咖啡美味的訣竅在於「慢慢且用心地倒入剛研磨好的咖啡粉。」

咖啡店開業的同時也同步販售自家烘焙咖啡豆。平時備有 12 ～ 14 種配方豆和單一產區咖啡豆。隨時能夠飲用的咖啡豆大約 100g500 日圓。住在附近的老顧客都會定期上門採買。

使用富士珈機的烘豆機烘焙生豆，這和當時在珈琲虹吸式咖啡學校使用的是同一個款式，這並非一般市售款，而是配合河野式萃取特定訂製的客製機型，火排數比一般烘豆機多出 1.5 倍，火排和鍋爐的距離較遠，也就是說大火遠火加熱是可行的。這種加熱方式比較不容易產生咖啡豆燒焦或豆芯未熟透的情況，可以讓咖啡豆的潛在風味充分發揮出來。

山崎先生偏好巴薩諾瓦音樂，店裡總是流洩著巴西音樂。咖啡豆的命名方式也非常獨特，下一頁介紹的配方豆「Moondance」便是取名自山崎先生衷情的巴西音樂的歌名。如詩一般的命名也突顯了這家咖啡店的個性。

SHOP DATA

■地址／大阪府豐中市本町 6-7-7

■ TEL ／ 06（6849）6688

■營業時間／ 11 時～ 19 時（咖啡部 18 時）

■公休日／週一、每月第 3 週的週日

■坪數、座位／ 20 坪、13 席

■平均客單價／ 600 日圓～ 700 日圓

■ URL ／ http://www.tipografia.sakura.ne.jp

METHOD – 1 / **Cafe do BRASIL TIPOGRAFIA**

Paper drip

不悶蒸，一段式注水萃取。前半段萃取濃郁精華咖啡液，後半段調整濃度

【 味道 】

	1	2	3	4	5
甜味				●	
酸味		●			
苦味				●	
濃郁度			●		
香氣					●

日本咖啡
（滴濾咖啡）
500 日圓

在店裡採買的咖啡豆皆可直接於店內萃取享用。 取名為日本咖啡的熱咖啡，使用KONO錐形濾杯萃取而成，另外也有使用濾布萃取的熱咖啡（600日圓）。 為了讓客人「悠閒享用」，每杯咖啡都有滿滿的220ml。

【 咖啡豆 】

每月配方豆 Moondance
每月更換的配方豆最重視喝起來的順口感覺，基本上都是中度烘焙。採訪當時使用日曬法和水洗法2種處理工法的瓜地馬拉咖啡豆為基底，再搭配宏都拉斯和哥倫比亞的咖啡豆進行微調。酸味和苦味均勻和諧。100g500 日圓。

【 器具 】

・濾杯：「名門濾杯」（KONO）
・濾杯：「KONO 專用錐形
　濾紙 MO-25」（KONO）
・咖啡壺：「玻璃咖啡壺」
　（KONO）
・手沖壺：「手沖壺 M-5」（YUKIWA）

　山崎先生說「使用 KONO 的名門濾杯，能夠沖煮出近似濾布滴濾咖啡的濃厚味道。」從開業以來的這 18 年，主要都使用這款名門濾杯，這應該可以說是錐形濾杯的始祖。最大特徵是底部的大圓孔和筆直的短肋柱。濾杯上方部分能夠與濾紙緊密貼合在一起，這樣的構造有助於熱水適度往下流，藉由控制熱水注水量，沖煮出理想中的好味道。

　萃取時無須悶蒸，也只需要注水 1 次。前半段集中注水在中心處，以點滴方式注水，咖啡液開始流入咖啡壺時，慢慢擴大注水範圍，並於萃取量達一半程度時加快注水速度。

　這一次使用每月配方豆，也是按照基本方式萃取。為了滿足多數客人喜歡的口感，刻意將咖啡豆研磨成粗顆粒。使用大量咖啡豆搭配緩慢的注水速度，完成一杯味道均衡且口感滑順的美味咖啡。

【　萃取方式　】

☕ 【1杯份（萃取量：220ml）】
咖啡豆量：34g
熱水量：300〜400m
熱水溫度：89℃

步驟	訣竅	注水量
第一次注水	以近似點滴的細小水柱注水， 水流不要中斷， 慢慢地持續注入熱水	300〜400ml
完成	（累計時間）約3分鐘	（萃取量）220ml

【　萃取過程　】

1 1杯咖啡使用34g咖啡豆，萃取量約220ml。將咖啡豆研磨成微粗的中顆粒。使用YUKIWA手沖壺，但壺嘴部分經手工處理，口徑稍微變小一些。

2 以點滴方式在濾杯中心處注水。第一滴萃取液流入咖啡壺之前，持續在中心處（約1元硬幣大小的範圍）注水。未特別設定悶蒸時間。

3 萃取液逐漸流入咖啡壺時，從中心處稍微擴大注水範圍。接著像是"射進去"的感覺注入熱水。

4 萃取量超過一半時，慢慢加快注水速度。

5 萃取量達到所需分量（220ml）時，移開濾杯（在粉渣等成分滴落前移開）。萃取時間約3分鐘。

[東京·龜戶]

珈琲道場 侍

METHOD-1 METHOD-2

Paper drip　Paper drip

『珈琲道場 侍』的店長春日孝仁先生。大學四年級時期這家咖啡店的美味咖啡讓春日先生大開眼界，於是親自登門拜訪老闆近藤孝之先生，得到在咖啡店打工的機會。大學畢業後進入公司當正職員工，並於2018年起陸續參加日本咖啡沖煮大賽等相關競賽，藉此磨練自己的技術。

咖啡主要都盛裝在英國百年骨瓷品牌「WEDGWOOD」的咖啡杯中，這款咖啡杯的杯沿薄，容易就口飲用。

使用二種 Melitta 濾杯，濾杯呈梯形，中心部位是單孔設計。其中「透明 Clear Filter 濾杯」只能萃取1～2杯分量，內側上半部為直肋柱設計，能夠萃取口味清爽的咖啡。「透明 Aroma Filter 濾杯」雖然也是單孔設計，但洞孔位置偏高，咖啡粉悶蒸在熱水裡的時間較長，有助於萃取更深層濃郁的香氣。

使用兼具浸漬式與滴濾式萃取的器具，
耐心萃取理想中的咖啡味道

『珈琲道場侍』開業於 1978 年，以滴濾咖啡和冷萃咖啡 2 大支柱深受地方常客支持。除了咖啡味道紮實又道地，以『道場』為店名、擺設搖椅的吧台等巧思設計，也吸引不少外地客人在週末時段前來朝聖。

店內咖啡主要使用以中南美咖啡豆為基底的深焙咖啡豆，其中一種用於調製冷萃咖啡，浸泡於冷水中 8 小時進行萃取，除了這裡介紹的配方豆，還有其他五種單一產區咖啡豆。以中度烘焙為主的單一產區咖啡豆包含「衣索比亞西達摩摩卡咖啡（Ethiopia Moka Sidamo）」、「印尼 sibandang 曼特寧咖啡（Indonesia sibandang Mandheling）」等，客人可以盡情享受各國咖啡豆的獨特味道與個性。除此之外，還有一種非常稀少且最高等級 G1 級的精品咖啡豆「衣索比亞 · 艾瑞嘉日曬豆（Ethiopia Aricha Natural）」。

主要使用單孔設計的 Melitta「透明 Clear Filter 濾杯」（可萃取 1 ～ 2 杯分量），並且採用直接擺在咖啡杯上萃取的方式。過去進行萃取訓練的時候，曾經捏著鼻子試喝，這會使味道變淡而嚐不出原本熟悉的咖啡味，這也就意謂將咖啡含入嘴巴之前，「香氣」會大幅影響我們對咖啡味道的感覺。因此，店家在萃取時會特別將重點擺在「香氣」上。使用這款濾杯能夠延長咖啡粉浸漬在熱水裡的時間，以利萃取更多來自於咖啡油脂的香氣，並且藉由調整甜味與酸味間的均衡度，給人符合香氣的印象。

無論在店裡或比賽中，春日先生向來以同樣味道為終極目標。有耐心的萃取，才能實現理想中的美味，並且將走味的可能性降低至最小。比較每一次注水後的萃取，最後再將每一次的萃取液混合在一起，再三試喝確認以完成最終味道。另一方面，在手沖壺操控方面，注入熱水的瞬間會產生類似攪拌的感覺，所以務必將降低壺嘴，從低一點的位置注入熱水。

SHOP DATA
- ■地址／東京都江東区亀戸 6-57-22　サンポービル 2F
- ■ TEL ／ 03（3638）4003
- ■營業時間／ 8 時～ 24 時
- ■公休日／週日
- ■坪數、座位／ 30 坪、44 席
- ■平均客單價／ 1000 日圓
- ■ URL ／ http://www.samurai-cafe.jp

METHOD - 1 ／ 珈琲道場 侍

Paper drip

濾杯直接擺在咖啡杯上萃取，打造充滿醇厚感且清爽的味道

【 味道 】

	1	2	3	4	5
甜味				●	
酸味			●		
苦味			●		
濃郁度				●	
香氣			●		

侍原創咖啡
480 日圓

和「冷萃咖啡」同為咖啡店的招牌品項。圓潤的甜味、酸味和苦味之間取得絕妙的平衡，清爽的尾韻令人留下深刻印象。

【 咖啡豆 】

侍原創配方豆

以尼加拉瓜・卡薩布蘭卡莊園的精品咖啡豆為基底，搭配巴西咖啡豆、哥倫比亞咖啡豆，各自烘焙後混合一起的配方豆。中度烘焙，充滿中南美加勒比海風情的味道深具魅力。100g750 日圓。

【 器具 】

・濾杯：
「透明 Clear Filter 濾杯」
（Melitta）
・濾紙濾材：
「Aromaic Natural 白色濾紙」
（Melitta）
・手沖壺：銅製 Aladdin 手沖壺

春日先生說「這次使用 Melitta 的透明 Clear Filter 濾杯，小單孔設計使萃取速度變慢，但咖啡粉浸漬在熱水裡的時間相對變長，這種方式才能萃取出香氣、甜味和醇厚感兼具的理想味道。同時具有浸漬和滴濾功能的器具，最大優點是能夠穩定萃取且不易產生人為走味的問題。」

咖啡豆方面，這次使用 3 種中焙豆混合一起的配方豆，搭配使用上述濾杯，提取帶有華麗感的迷人香氣。配合和濾杯同品牌的 Melitta 氧氣漂白濾紙一起使用。另一方面，使用帶有古董風的銅製 Aladdin 手沖壺，並且將濾杯直接擺在熱水溫熱過的咖啡杯上進行萃取。

第一次注水的悶蒸後，於第二次注水時在中心處打造萃取通路。在第二次注水時正式進行萃取，讓咖啡粉一鼓作氣膨脹起來，並且隨時觀察膨脹情況，小心不要讓咖啡粉坍塌。第三次注水後，為了避免摻入雜味，必須在萃取液全數流入咖啡杯之前移開濾杯。

【 萃取方式 】

【1杯份（萃取量：150ml）】
咖啡豆量：20g
熱水量：約 200ml
熱水溫度：92℃〜94℃

步驟	訣竅	抽湯量
第一次注水	瞄準咖啡粉中心處，以繞圈方式注水（2圈）	40ml
悶蒸	（約30秒）	
第二次注水	輕輕地以繞圈方式注水，在咖啡膨脹部位的中心處打造萃取通道	20〜30ml
第三次注水（正式萃取）	以拋物線往中心點集中的方式一口氣注入熱水	100ml
第四次注水	注水後，於萃取液完全流入咖啡杯之前移開濾杯	約30ml
完成	（累計時間 約1分20秒）	（萃取量）150ml

【 萃取過程 】

1

將濾杯擺在熱水燙過的咖啡杯上，然後於濾杯中鋪濾紙，倒入20g中研磨咖啡粉（1杯分量）後抹平。無須事先淋濕濾紙，悶蒸時才能有效排氣，也更能萃取富含香氣成分的咖啡油脂。手沖壺壺嘴也事先用熱水燙過，有助於在溫度較為一致的情況下進行萃取。

2

先將40ml的水加熱沸騰至100℃，降溫至92℃〜94℃後再注入咖啡粉中，從身體側往中心部位注水。讓壺嘴盡量靠近咖啡粉，以畫圓方式重複2次注水，小心不要讓咖啡粉過度膨脹。然後靜置悶蒸30秒。

3

輕輕畫圓注入20ml〜30ml的熱水，在膨脹的咖啡粉中心處打造萃取通道。

4

類似拋物線向中心且略微前方的地方注入100ml左右的熱水，讓咖啡粉一鼓作氣膨脹起來，正式開始萃取。隨時觀察咖啡粉膨脹情況，並且留意咖啡粉層是否坍塌。

5

注入約30ml的熱水，萃取液完全流入咖啡杯之前移開濾杯，調整味道均勻度的同時也避免出現雜味。

METHOD - **2** / **珈琲道場 侍**

Paper drip

以「手沖滴濾提取香氣」為主題的萃取方式

【 味道 】

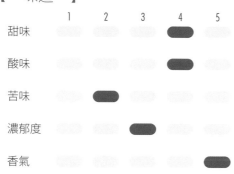

	1	2	3	4	5
甜味				▬	
酸味				▬	
苦味		▬			
濃郁度			▬		
香氣					▬

衣索比亞
艾瑞嘉日曬豆
600 日圓

鼻腔裡充滿水果、花朵的芳香氣味，以及紮實濃厚的口感，再三襯托出咖啡豆原始的溫和酸味與甜味。

【 咖啡豆 】

衣索比亞・艾瑞嘉日曬豆
（Ethiopia Aricha Natural）
以「手沖滴濾提取香氣」為主題而特地挑選的中淺度烘焙精品咖啡豆。100g1180 日圓。參加預賽時使用的「衣索比亞科卡（Ethiopia Koke）」咖啡豆，是會同咖啡店前成員經營的「しげの珈琲工房」（P150）一起合作調製而成。

【 器具 】

・濾杯：
「透明 Aroma Filter 濾杯」（Melitta）
・濾紙濾材：
「Aromaic Natural 白色濾紙」
（Melitta）
・咖啡壺：
「Caféina 系列咖啡壺 500ml」
（Melitta）
・電子秤：
「V60 手沖咖啡專用電子秤」
（HARIO）
・手沖壺：
「雲朵不鏽鋼細口壺」（HARIO）

這是春日先生參加「2018 年日本咖啡沖煮大賽」預賽時所使用的萃取方法。

最值得一提的是雖然使用相同咖啡豆，但混合不同研磨程度的咖啡粉顆粒一起使用。堅持使用優質烘焙豆，也是為了表現出更趨於理想中的味道與口感。單用細研磨咖啡粉，容易因為萃取速度變慢而出現澀味，經過反覆的實驗與測試才終於設計出這個方法。細研磨咖啡粉有利萃取優質甜味與酸味；中研磨咖啡粉有利提取香氣與風味。各自使用篩網進行 2 次過濾，去除微粉的同時也統一咖啡粉顆粒大小，過濾後再將 2 種不同粒徑的咖啡粉混合在一起，調整成中淺焙口感。

使用 Melitta 透明 Aroma Filter 濾杯，熱水會暫時積在濾杯底部的設計，有助於透過悶蒸效果提取更深層的香氣，打造一杯如構想中充滿濃郁飽滿香氣的咖啡。

分 2 次注入熱水，並以咖啡壺盛裝萃取液。第一次注水 40ml，悶蒸 30 秒後注入 160ml 熱水並開始正式萃取，以大水柱集中注入在中心處。完成萃取後用湯匙攪拌讓味道均勻一致。

【　萃取方式　】

☕ 【1 杯份（萃取量：150ml）】
咖啡豆量：24g
熱水量：200ml
熱水溫度：96℃

步驟	訣竅	抽湯量
第一次注水	在咖啡粉中心處以繞圈方式注水	40ml
悶蒸	（約 30 秒）	
第二次注水 （正式萃取）	起初以大水柱注水， 後半段改為細小水柱	160ml
悶蒸、萃取	邊悶蒸邊萃取（約 60 秒）。 前半段萃取速度快，後半段速度慢	
收尾	移開濾杯， 輕輕攪拌使整體味道均勻一致	
完成	（累計時間 約1分 30 秒）	（萃取量）150ml

【　萃取過程　】

1 將咖啡壺與濾杯架設好並擺在電子秤上，鋪上濾紙，倒入中淺烘焙的咖啡粉後鋪平。手沖壺的壺嘴也先用熱水燙過。

2 待沸騰至 100℃的熱水降溫至 96℃後，從中心處以繞圈方式注入 40ml 熱水後悶蒸30 秒。高壓悶蒸比較能夠萃取香氣。

3 在咖啡粉中心處以大水柱方式注入 160ml 的熱水，熱水達濾杯一半的時候，改以小水柱且畫圓方式注水，保持滲透與注水速度一致。

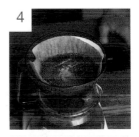
4 保持粉面平坦進行悶蒸 60 秒後開始萃取。咖啡粉浸漬在熱水裡的時間愈長，咖啡味道愈濃郁且紮實。萃取時間共 1 分 30 秒左右。

5 移開濾杯，用吧叉匙攪拌咖啡壺裡的咖啡，讓味道更均勻一致。

[東京・丸の内]

サザコーヒー

SAZA COFFEE　KITTE 丸の内店

若客人點的是使用藝伎咖啡豆萃取的虹吸式咖啡，通常一併附上一小杯今日特選咖啡（其他品種咖啡豆的滴濾咖啡）供客人試喝，享受一下比較的樂趣。

用於萃取濃縮咖啡的咖啡豆會定期進行更換。正規品項的「藝伎卡布奇諾」（1000 日圓）主要使用哥倫比亞產的藝伎咖啡豆。

櫻谷朋香小姐曾服務於『SAZA COFFEE』大宮店和品川 ECUTE 店，自 2021 年 4 月起擔任 KITTE 丸之內店的店長。關於虹吸式咖啡，櫻谷小姐表示「這是一種純粹欣賞也十分有趣的萃取方法，我重視與客人之間的交談，也隨時注意客人眼中的我自己的一舉一動。」

總經理兼咖啡師的飯高亘先生，曾經榮獲「日本咖啡師大賽冠軍」，不僅擁有高超技術，也致力於栽培公司同仁。

使用虹吸式法和義式濃縮咖啡機
萃取嚴選藝伎咖啡豆的原始美味

『SAZA COFFEE』總店位在茨城縣常陸那珂市，首都圈內共有 15 家分店。很早以前就已經投注心力在自家烘焙上，而且採用各式各樣的萃取方法，說是推廣咖啡魅力的先驅一點也不為過。店內不少員工都曾經在咖啡萃取技術大賽中獲獎，大力支持員工鑽研萃取技術的公司風氣也是這間咖啡店的一大特色。

位於東京車站前購物中心內的 KITTE 丸之內店開幕於 2018 年，定位在發展品牌力的品牌店，公司不僅自行採購並販售藝伎咖啡豆，還提供以虹吸式法、義式濃縮咖啡機、冷萃法萃取的藝伎咖啡。代表董事・鈴木太郎先生評價為「眾多藝伎咖啡豆中品質最高級」，生產自巴拉馬翡翠莊園的「Mario」，以及自設莊園（SAZA 莊園）栽培的「哥倫比亞・藝伎」都是店內常設品項。總經理飯高亘先生充滿幹勁地表示「『Mario』虹吸式咖啡 1 杯 3000 日圓，這樣的價錢確實容易讓人卻步，但同時能夠以這樣的價錢體驗世界一流咖啡的機會也實屬不多。」

透過這樣的特別咖啡體驗，店家已經成長為一家廣受各個客群、無論男女老少都喜愛的咖啡店。

除了藝伎咖啡豆，還有各式各樣的咖啡豆，可以品嚐不同烘焙程度、不同配方豆、不同生產國的咖啡豆美味，但基本上，店家採購的咖啡豆都具有「甘甜、醇厚」的特色。

所有分店共用萃取配方，隨著分店數量和員工人數的增加，平時也有不少人活用 ZOOM 軟體在線共享咖啡相關資訊，藉此提升『SAZA 咖啡』的品質。

這次店長櫻谷朋香小姐使用「Mario」咖啡豆為我們萃取虹吸式咖啡，並由飯高先生為我們示範使用自設莊園栽培的哥倫比亞咖啡豆萃取義式濃縮咖啡。

SHOP DATA

■地址／東京都千代田区丸の内 2-7-2 JP タワー KITTE 1F

■ TEL ／ 03（6268）0720

■營業時間／ 11 時～ 20 時（短縮營業）

■公休日／依據購物中心營運時間

■坪數、座位／ 23 坪、14 席

■平均客單價／ 1500 日圓

■ URL ／ https://www.saza.co.jp

METHOD - **1** / **SAZA COFFEE** KITTE 丸の内店

Siphon drip

以高溫、短時間浸漬的虹吸式法
萃取藝伎咖啡豆的香氣與甘甜

【 味道 】

	1	2	3	4	5
甜味					●
酸味			●		
苦味		●			
濃郁度			●		
香氣					●

藝伎咖啡
（巴拿馬藝伎咖啡豆
翡翠莊園 Mario）
3000 日圓

充滿茉莉花香氣與味
道。如紅茶般的輕盈
口感，變冷後會出現
香檸檬和柳橙類的柑
橘味道，像蜂蜜一樣
的甜味也會逐漸變明
顯。

【 咖啡豆 】

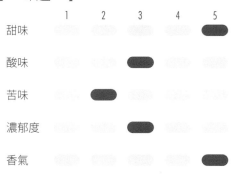

巴拿馬藝伎
翡翠莊園 Mario
「Mario」是翡翠莊園的所在地名，
是全世界首次發現藝伎咖啡豆並進
而栽培的地方。只有「Mario」咖
啡生豆會使用紅色箱子裝箱。在特
殊風土條件下雀屏中選的高級豆，
充滿高雅的香氣、味道和濃郁的甜
味。100g4000 日圓。

【 器具 】

• 虹吸式咖啡壺：
　「經典虹吸式咖啡壺」（HARIO）
• 加熱爐：鹵素加熱爐
　（LUCKY COFFEE MACHINE）
• 攪拌棒

　這次使用的巴拿馬翡翠莊園 Mario 區的藝伎
咖啡豆是『SAZACOFFEE』社長鈴木太郎先
生基於「優質咖啡豆不會因為高溫和時間的影
響而變質，強烈的味道與香氣始終如一」精心
挑選採購的咖啡豆。

　這種咖啡豆最適合搭配虹吸式萃取法。這是
一種能夠突顯酸味與香氣的萃取方法，而藝伎
咖啡豆的最大特色就是充滿花香味、優質酸味
和甜味，虹吸式法能在咖啡豆最佳狀態下萃取
咖啡豆的原始風味。另一方面，藝伎咖啡就算
降溫變冷了，風味依舊不變，酸味與甜味的質
感還會隨著時間經過而增強，香氣也會跟著產
生變化。透過高溫萃取的虹吸式法，可以同時
享用多層次的味道與香氣，這也是虹吸式萃取
法的魅力所在。

　萃取時的重點在於攪拌 2 次。根據店長櫻谷
小姐的說法，使用藝伎咖啡豆萃取時，攪拌能
使咖啡粉在熱水裡翻攪以形成對流。第一次攪
拌的目的是為了排除氣體、悶蒸，並且萃取酸
味與香氣。浸漬 18 秒後萃取咖啡風味，並於
關掉火源後立即進行第二次攪拌，而這次攪拌
的目的是萃取甜味。

【　萃取方式　】

☕ **【1 杯份（萃取量：150ml）】**
咖啡豆量：17g
熱水量：160g
熱水溫度：下壺內沸騰狀態

步驟	訣竅	注水量
下壺內的熱水沸騰後，插入上壺，待熱水完全上升至上壺後倒入咖啡粉		160ml
第一次攪拌 ※倒入咖啡粉後立即攪拌	輕柔攪拌使其形成對流（約 30 次）	
浸漬	（約 18 秒間）	
第二次攪拌 ※移走火源之後	力道同第一次攪拌（約 10 次）	
完成		（萃取量） 150ml

【　萃取過程　】

1
用磨豆機將咖啡豆研磨成中粗顆粒。

2
在下壺中倒入熱水，並以鹵素加熱爐加熱。等待沸騰的期間，將過濾器安裝在上壺中。

3
熱水沸騰後，立直上壺。熱水開始上升至上壺時，倒入咖啡粉。

4
倒入咖啡粉後立即用攪拌棒攪拌（約 30 次）。攪拌時攪拌棒勿觸碰過濾器，以撫摸的感覺讓咖啡粉與熱水產生對流。

5
浸漬 18 秒後，移開加熱爐。

6
再次攪拌 10 次左右。下壺內蒸氣冷卻使壺內壓力下降，萃取液開始流入下壺時停止攪拌。

7
待萃取液完全流入下壺，最後再倒入咖啡杯中。

METHOD - **2** / **SAZA COFFEE** KITTE 丸の内店

Espresso

充分理解咖啡豆特性，
著眼於氣體排放量

【　味道　】

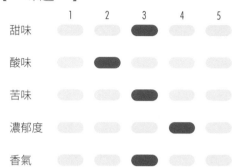

	1	2	3	4	5
甜味			●		
酸味		●			
苦味			●		
濃郁度				●	
香氣			●		

雙份濃縮咖啡
440 日圓

帶有甜甜的香氣與濃郁甜味，喝起來具有十足的醇厚感。柑橘類酸味和黑巧克力般的尾韻，讓口感更顯滑順與圓潤。

【　咖啡豆　】

SAZA 莊園
自設莊園「SAZA 莊園」栽培生產的哥倫比亞咖啡豆，品種為卡斯提優種。卡斯提優種充滿蘋果般的清香甜味，但為了強化咖啡感，透過不斷與莊園工作人員進行改善與研究，終於培育出這款咖啡豆。城市烘焙程度。200g1500 日圓。

【　器具　】

· 濃縮咖啡機：
　「黑鷹咖啡機」
　（VICTORIA ARDUINO）
· 磨豆機：
　「EK43」（Mahlkonig）
· 接粉杯：
　（WEBER WORKSHOP）
· 填壓器

　萃取義式濃縮咖啡時，店家最重視「舒適的質感」。雖然咖啡師的技術也占有一席重要地位，但為了最理想的口感和尾韻質感，咖啡豆的熟成狀態、過濾網的網洞大小、粉量、萃取時間、萃取量、保存狀態都是不可或缺的重要萃取參數。

　萃取義式濃縮咖啡時，為了突顯咖啡豆香氣，務必事先瞭解咖啡豆特性。這次使用的咖啡豆具有醇厚感，帶有深焙豆才有的苦味與濃郁甜味。飯高先生透過粉量和粒徑的完美搭配來呈現咖啡的苦味與甜味。稍微增加一些咖啡粉用量，以及研磨成粒徑稍粗的咖啡顆粒，藉此表現「滑順質感」。

　另一方面，咖啡豆的二氧化碳排氣量也是重要關鍵。氣體殘存過多容易使質感變差，尾韻也容易因為刺激性而少了回味無窮的感覺。頻繁試喝以隨時掌握咖啡脂層和萃取狀態，一旦發現大量氣體殘留，可以透過多接觸空氣、研磨後放入接粉杯中輕輕搖晃等小細節加以改善，這樣便能萃取風味最佳的高品質咖啡。

【 萃取方式 】

☕ 【雙份濃縮咖啡（萃取量：38ml）】
　咖啡豆量：21g
　熱水溫度：91°C
　氣壓：9 氣壓

步驟	訣竅
研磨	研磨成細顆粒
接粉	使用接粉杯將咖啡粉倒入把手粉杯中
佈粉	仔細佈粉以避免形成固定熱水通道
填壓	水平且均勻地向下壓緊。約 10kg 的力道
萃取	於 18 ～ 21 秒間萃取 38ml

【 萃取過程 】

1

用磨豆機將咖啡豆研磨成細顆粒（由於淺焙豆比深焙豆更不易萃取咖啡豆成分，為了確實萃取所含成分，咖啡豆必須研磨得細一些）。事前進行濾網網洞調整，先以當天要使用的咖啡豆進行試萃取，確實掌握氣體量和咖啡豆狀態後，再擬定萃取配方。

2

使用接粉杯盛裝研磨好的咖啡粉，再倒入沖煮把手粉杯中。接粉杯的目的是為了排除咖啡豆氣體，以及減少接粉時細粉亂飛的情況。採訪當天的咖啡豆氣體含量較多，所以使用接粉杯於搖晃排除氣體後，另外增加一道靜置 2 分鐘左右的手續。

3

以填壓器壓緊咖啡粉。除了要水平且均勻地向下壓，每一次都要盡量做到一模一樣，這對填壓作業來說是重要關鍵。

4

將沖煮把手安裝在咖啡機上，按下啟動按鍵即開始萃取。

5

觀察萃取液的顏色和流出速度。目標是 20 秒的時間，萃取深棕色的咖啡液。

[京都・上京区]

FACTORY KAFE 工船

METHOD-1

Nel drip

冰咖啡　720 日圓

在濃縮咖啡萃取液中加入大量冰塊使其急速冷卻。先以清水沖洗冰塊後再使用，咖啡味道更加清澈。

自製濾布過濾器。
用 4 塊濾布立體拼接而成。側面表面積大，能夠確實萃取咖啡豆的原始特性。另外一個優點則是能夠輕鬆穿卸在過濾器上。店裡也備有現貨供客人選購，一組 3200 日圓（一個過濾器附 2 片濾布）。

創業於 2007 年的自家烘焙＆濾布滴濾咖啡專賣店『FACTORY KAFE 工船』。瀨戶更紗小姐自開店初期便一直擔任店長職務，既是『ooyacoffeeassociees』店長大谷實年來的同事，也是一名烘豆師。

另外一個推薦好物是古董手搖磨豆機。製作於大量生產前的 1970 年代，主要是法國製與德國製。磨豆機的刀片材質為鐵，而且過去鐵的品質相對優良。這些都是經過日本工匠職人精心維護與整修過的產品。網路商店上也買得到。

以獨特的觀點進行烘焙 & 萃取
發源自京都的獨特系咖啡品牌

烘豆師大谷實先生經營的「ooyacoffeeassociees」咖啡豆烘焙店，附設一間能在店內享用咖啡的『FACTORY KAFE 工船』咖啡館。咖啡館使用自家烘焙豆，並以濾布滴濾方式萃取咖啡。接下來為大家介紹大谷先生對咖啡豆・萃取法的獨特理念與世界觀。

『FACTORY KAFE 工船』店長瀨戶更紗小姐表示「首要之務是如何挑選合適的咖啡豆烘焙程度。」店裡提供的咖啡豆有淺焙、中焙、中深焙、深焙 4 種。淺焙咖啡豆充滿植物原有風味，能夠提取水果般的優質圓潤酸味。中焙咖啡豆口感溫和，不帶強烈味道。中深焙咖啡豆充滿烘焙香氣，淡淡植物風味中帶有令人回味無窮的尾韻與濃郁感。而深焙咖啡豆通常帶有焦味，只會使用較具獨特個性的生豆來加以烘焙製作。

濾布滴濾和濾紙滴濾最大不同之處在於一開始的含水率。萃取液並非通過濾布而滴落，而是通過水而滴落。濾布是一種一開始就含水的萃取器具，具有水過濾的效果。

另一方面，濾紙網洞比較細，能夠做到充分過濾，因此味道相對清澈。而濾布網洞較粗，過濾後的味道相對厚重。這個厚重感來自咖啡豆的油脂成分，雖然厚重，喝起來的口感卻十分滑順。

大谷先生表示「最理想的萃取要符合以下條件，使用 10g 咖啡粉時，第一次注水 30ml，其次是 100ml，然後再 100ml，讓咖啡液味道隨著沖煮次數逐漸變淡。最後再將所有咖啡液充分混合在一起，這樣才是滴濾萃取的真髓。確實執行每一個步驟，才能有效萃取美味咖啡。除此之外，濾布滴濾咖啡的味道容易因布料紋理、材質、縫製方式而有所不同。對我們來說，"獨立自創"是品牌管理的核心，使用自家設計製作的器具也是非常重要的一環。」

SHOP DATA

■地址／京都府京都市上京区河原町通 今出川下ル梶井町 448
　　　清和テナントハウス 2F G 号室
■ TEL ／ 075（211）5398
■營業時間／ 11 時〜 21 時
■公休日／週二、週三
■坪數、座位／ 14 坪、9 席　　■平均客單價／ 1000 日圓
■ URL ／ http://ooyacoffeeassociees.com
□ webshop ／ https://ooyacoffee.stores.jp

METHOD - **1** / **FACTORY KAFE 工船**

Nel drip

悶蒸丟棄、壓榨萃取、
滴濾 3 個步驟打造 2 種美味咖啡

【 味道 】

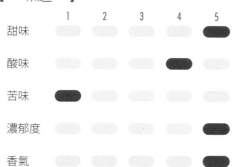

	1	2	3	4	5
甜味					●
酸味				●	
苦味	●				
濃郁度					●
香氣					●

熱咖啡（濃郁口味）
620 日圓

玻璃杯裡盛裝首次沖煮的精華咖啡液，壺裡則盛裝接下來數次萃取的咖啡液。享用「濃郁口味」的熱咖啡時，先品嚐精華咖啡液，接著再添加壺裡的咖啡液調整濃度，悠開地品嚐濃淡美味。另一方面，「清爽口味」的熱咖啡同樣是售價 620 日圓，精華咖啡液加之後萃取的一般咖啡液共180ml，全部盛裝在壺裡，上桌時隨附一個溫熱過的空玻璃杯。客人可以隨性大口飲用。

【 咖啡豆 】

KENYA
以基里尼亞加郡產區的咖啡豆為中心，再混合 7 個工廠生產的咖啡豆調製而成的配方豆。以肯亞式工法處理，多少留下一些果肉香氣，和生豆原有的味道兩相襯托下，形成特殊的紅茶般風味。經中深度～深度烘焙後，強烈酸味轉為濃郁乳香和果香。

※現在已無販售

【 器具 】

・濾杯：
濾布過濾器（自家製造）
・咖啡壺：小鳥玻璃下壺
（torch）
・手沖壺：
「YUKIWA 不鏽鋼手沖壺 M-5」
（三寶產業）

基本萃取方式包含3個步驟：①悶蒸和丟棄；②壓榨萃取；③滴濾。瀨戶小姐說「萃取的功用在於咖啡液的過濾程度，亦即濃度調整。如何提取生豆原有的味道與烘焙後的風味，正是萃取的奧妙所在。」

萃取時必須重視咖啡豆的新鮮度、萃取時的氣溫、萃取器具的溫度，以及享用者的當下狀態。根據當時的環境，隨時調整咖啡粉顆粒大小、熱水溫度，以及壓榨萃取和滴濾間的平衡。

瀨戶小姐也說「生豆經烘焙後，質感會逐日改變，除了參考電子秤提供的數字，還要仔細觀察每一天的萃取情況，才能清楚掌握今天的自己想要沖煮一杯什麼樣的咖啡。」

店家提供「濃郁口味」和「清爽口味」2 種咖啡。「濃郁口味」，在精華咖啡液裡少量添加一般咖啡液，藉此調整濃度以品嚐咖啡的濃淡風味。而「清爽口味」則是將精華咖啡液和一般咖啡液等量混合在一起，適合隨性大口吸飲。

【　萃取方式　】

☕ 【1杯份（萃取量：180ml）】
　　咖啡豆量：30 g
　　熱水量：450ml
　　熱水溫度：80℃

步驟	訣竅
調整熱水溫度	將 100℃的熱水降溫至 80℃
悶蒸	咖啡粉浸漬在熱水裡，等待高濃度液體滴落
丟棄	倒掉悶蒸後萃取的液體
壓榨萃取	以點滴式注入熱水，萃取 90ml「精華萃取液」
滴濾	繼續輕柔注入熱水，萃取 90ml「一般萃取液」
完成	「濃郁口味」將精華萃取液和一般萃取液個別盛裝；「清爽口味」將兩者混合一起後盛裝

【　萃取過程　】

準備溫度下降至 80℃的熱水。將沸騰至 100℃的熱水倒入咖啡壺中，接著倒入手沖壺中，再從手沖壺倒回咖啡壺中，接著倒入保溫壺中，直到熱水溫度下降至 80℃。為了萃取的各項準備，也基於衛生考量，採用這種方式讓 100℃的熱水下降至 80℃。

將咖啡粉倒入用水浸濕且擰乾的濾布過濾器中。調整一下濾布形狀，讓熱水能夠順暢朝向中心底部流動。

【悶蒸】將 80℃的熱水從低處注入咖啡粉中。讓熱水快速滲透。

【丟棄】第一次注入的熱水用於洗淨咖啡粉表面的微粉，大部分熱水流入咖啡壺後，倒掉丟棄。

【壓榨萃取】飄出香甜氣味後，以點滴方式注入熱水，每 10g 咖啡粉使用 30ml 的熱水。共萃取 90ml 的精華咖啡液。先在咖啡粉中心處注入少量熱水，熱水滲透至整個咖啡粉時，稍微轉動一下濾布過濾器。

調製濃郁口味的咖啡時，先將剛才萃取的精華咖啡液倒入咖啡杯中。

【滴濾】繼續朝中心處輕輕注入熱水。直到萃取出所需分量的一般咖啡液。使用 30g 咖啡粉時，大概需要萃取90ml 左右的一般咖啡液。

調製「清爽口味」咖啡時，萃取完 90ml 精華咖啡液後，要繼續萃取約 90ml 的一般咖啡液，然後再將兩者混合在一起。

[福岡·久留米]

コーヒーカウンティくるめ

COFFEE COUNTY KURUME

METHOD-1 | METHOD-2

Paper drip | Airpressure

老闆森崇顯先生。森先生曾在某家咖啡公司擔任烘豆師，並且在尼加拉瓜短暫停留 3 個月。他活用這些經驗，現在都親自前往咖啡豆生產國採購生豆。

基於「呈現咖啡豆的個性且萃取無雜味的清澈咖啡液」，店家主要使用波浪濾杯。

使用愛樂壓時，以低溫熱水萃取充滿濃郁香氣的咖啡，為了進一步調製果汁般的風味，會另外添加少量熱水稀釋。

將生產國採購的生豆烘焙成淺焙咖啡豆。
選擇充分發揮果實風味的萃取方法

『COFFEE COUNTY』在福岡縣內的福岡市、久留米市共有 3 家分店，其中開幕於 2019 年的久留米分店，40 坪以上的店面設有 2 台烘豆機。2 樓主要為內用區，是一間主打烘豆的咖啡館。

『COFFEE COUNTY』有來自各地的咖啡粉絲光顧，是一間舉國聞名的咖啡館，尤其老闆森崇顯先生親自前往咖啡生產國採購，鮮明多彩的咖啡豆個性正是這間咖啡館的代名詞。

基於珍惜生產者傾盡心力的栽培，店家使用的咖啡豆主要都是單一產區咖啡豆。在烘焙程度方面，即便是重度深焙豆，大概也都只有一般咖啡館的中深焙豆程度。由於大部分是淺焙豆，濃郁的果實風味再三提醒了大家咖啡豆其實也是一種果實。

為了讓客人充分享受咖啡豆原有的豐富個性，主要使用 KALITA 的波浪濾杯，以及義式濃縮咖啡機等器具。尤其手沖滴濾咖啡，更是將重點擺在萃取淺焙豆特有的果汁感、香味，以及清澈的口感與風味。

P142 中將為大家介紹愛樂壓萃取方法，利用氣壓的力量萃取精華咖啡液，雖然萃取時間短，但濃度高，而且味道依舊清爽順口，咖啡豆原有的甜味與香味也都能夠充分展現出來。對於單一產區這種具有鮮明個性的咖啡豆，愛樂壓也能輕鬆萃取。

除此之外，這裡也將為大家介紹在萃取液裡添加熱水的技法，不僅更加突顯圓潤的甜味，還能帶有果汁般的味風味。

SHOP DATA

■地址／福岡県久留米市通町 102-8

■TEL ／ 0942（27）9499

■營業時間／ 11 時～ 19 時

■公休日／週二日

■坪数／ 44 坪

■席数／ 12 席

■平均客單價／店內飲用 700 日圓，咖啡豆 1500 日圓

■URL ／ https://coffeecounty.cc/

METHOD – **1** / **COFFEE COUNTY KURUME**

Paper drip

萃取淺焙豆獨特的 果汁感與清澈香味

【 味道 】

	1	2	3	4	5
甜味				●	
酸味			●		
苦味		●			
濃郁度			●		
香氣				●	

手沖滴濾咖啡
450 日圓

選擇使用的是瓜地馬拉 Turbante 莊園生產的淺度烘焙咖啡豆，特別使用波浪濾紙提取咖啡豆原有的成熟果實風味，並以手沖滴濾方式萃取。選擇手沖滴濾咖啡的客人，可以從 6 種咖啡豆中挑選自己喜歡的一種。

【 咖啡豆 】

瓜地馬拉
Turbante 莊園
產於咖啡豆名產地的韋韋特南戈省。屬於卡杜拉／卡杜艾品種。特色是充滿李子和無花果的成熟果實味。200g1500 日圓。

【 器具 】

- 濾杯：「波浪濾杯」（KALITA）
- 濾杯：「波浪濾紙」（KALITA）
- 咖啡壺：「咖啡壺 G」（KALITA）
- 手沖壺：「TSUBAME 手沖壺」
（KALITA）

『COFFEE COUNTY』的老闆森崇顯先生說「在這之前我用過各式各樣的濾杯，我覺得最合適的就是波浪濾杯。能夠不帶雜味地將咖啡豆的個性完美表現出來。」

使用波浪濾杯萃取時，最需要注意的是熱水溫度和注水時機，以及咖啡粉浸漬在熱水中的程度。淺焙豆不容易膨脹，但也因為水分含量高而容易下沉，以手沖滴濾方式萃取其實有一定的難度。

於是，森先生採用的方法是第二、三次注水時以比較大的水柱注入熱水，並且在第三次注水時，將範圍擴大至濾杯邊緣，讓附著於內側壁的咖啡粉掉落至中心處。

森先生也說「使用淺焙豆時，將熱水溫度設定在 91℃，雖然溫度低不易萃取精華咖啡液，但透過將附著於內側壁的咖啡粉也集中至底部以提高萃取效率。」

絲毫不浪費地從所有咖啡粉中確實萃取咖啡豆所含成分。

【　萃取方式　】

☕ 【1杯份（萃取量：200ml）】
　　咖啡豆量：16g
　　熱水量：250ml
　　熱水溫度：88℃

步驟	累計時間	注水量
第一次注水	0 秒～	30ml
悶蒸	（50 秒）	
第二次注水	1 分鐘～ 1 分 30 秒	70ml
第三次注水	1 分 30 秒～ 2 分鐘	70ml
第四次注水	2 分鐘～ 2 分 10 秒	40ml
第五次注水	2 分 10 秒～	40ml
完成		（萃取量）200ml

【　萃取過程　】

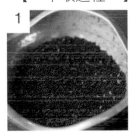

1

萃取之前再將咖啡豆研磨成中顆粒。將研磨好的咖啡粉倒入鋪好波浪濾紙的濾杯中。

2

第一次注水，以細小水柱在咖啡粉中心處注入 30ml 熱水。然後進行 50 秒左右的悶蒸。

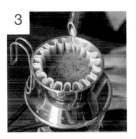

3

第二次、第三次注水，各自以大水柱方式注入 70ml 的熱水。

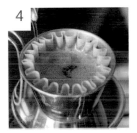

4

第三次注水的方法和第二次相同，但中途改為將熱水從濾杯邊緣注入。絲毫不浪費地針對沾附在濾紙邊緣的咖啡粉進行萃取。

5

第四次注水，配合咖啡壺裡的咖啡液注入約 40ml 的熱水，大約花 10 秒鐘的時間。注意水柱不要過大，避免產生雜味。

6

第五次注水，為避免咖啡粉產生對流，以細小水柱的方式慢慢注入 40ml 的熱水。咖啡液滴濾結束後，移開濾杯。

7

若能確實萃取所有咖啡粉的所含成分，咖啡粉渣應該會乾乾淨淨地堆積在濾紙底部。

Airpressure

使用愛樂壓，以低溫熱水萃取。
再費點心思讓圓潤的甜味更為明顯

【 味道 】

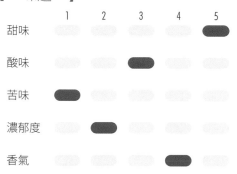

	1	2	3	4	5
甜味					●
酸味			●		
苦味	●				
濃郁度		●			
香氣				●	

愛樂壓萃取咖啡
450 日圓

衣索比亞農莊生產的咖啡豆，特色是帶有水蜜桃和覆盆子風味。為了充分發揮咖啡豆的甜味，使用愛樂壓萃取法，再添加少量熱水稀釋。和「手沖滴濾咖啡」一樣，能夠從 6 種咖啡豆中挑選自己喜歡的一種。

【 咖啡豆 】

衣索比亞 Ethiopia Logita Washing Station Segera
帶有水蜜桃和覆盆子的香味，能夠明顯感覺到強烈的花香尾韻。200g1600 日圓。

【 器具 】

・愛樂壓：（AEROBIE）
・咖啡壺：「咖啡壺 G」（KALITA）
・手沖壺：「TSUBAME 手沖壺」（KALITA）

『COFFEE COUNTY』的老闆森崇顯先生表示「如果想要突顯淺焙豆才具有的水果風味，可以選擇使用愛樂壓萃取。」久留米分店過去也提供愛樂壓咖啡品項，現在雖然已經不是飲品單上的選項，但客人要求的話，還是會特別提供愛樂壓萃取咖啡。

搭配使用衣索比亞咖啡豆，並以 84℃的熱水萃取。一般使用淺焙豆時，通常會將熱水溫度設定在 82 ～ 85℃。另一方面，為了使口感更加滑順，會在萃取後的咖啡液中添加熱水，藉此讓咖啡充滿果汁風味。

「在萃取液裡添加熱水，既可使味道更圓潤，甜味也會更明顯。熱水用量隨咖啡液濃度進行調整，這次大約使用 20 ～ 30ml 的熱水。」

完成後的咖啡帶有葡萄柚汁般的清爽酸味，而且幾乎沒有苦澀味道，最後還會留下濃濃的甘甜尾韻。

【 萃取方式 】

☕ 【1 杯份（萃取量：170ml）
＋ 20 ～ 30ml 熱水稀釋】

咖啡豆量：15g

熱水量：200ml

熱水溫度：83℃

步驟	時間	注水量
濾筒中倒入所有熱水和咖啡粉		200ml
悶蒸	30 秒	
攪拌	20 次	
靜置讓液面幾乎滿出來	30 秒	
加壓	30 秒	（萃取量）170ml
稀釋		20ml ～ 30ml
完成		（總量）190ml ～ 200ml

【 萃取過程 】

1 不同於一般操作法，將愛樂壓上下顛倒使用。這種方式稱為反轉倒置法。於濾筒中注入 200ml 的熱水。

2 接著準備咖啡粉。將咖啡豆研磨成粗顆粒，有助於防止出現雜味。為求穩定悶蒸，依序倒入 200ml 熱水、咖啡粉。

3 如果咖啡粉浮在水面上也沒關係，就這樣靜置 30 秒。

4 用可撬式攪拌棒攪拌 20 次左右，讓熱水確實滲透至咖啡粉中。

5 蓋上裝有濾網的蓋子之前，靜置 30 秒左右，讓液面呈幾乎滿出來的程度，這樣能有效排出濾筒內的空氣。排除空氣才能萃取均勻無雜味的咖啡液。

6 蓋上濾蓋並將愛樂壓上下顛倒，然後擺在咖啡壺上。花 30 秒的時間加壓，萃取咖啡液。

7 試喝咖啡液，為了讓口感更柔順、風味更清澈，添加 20 ～ 30ml 的熱水稀釋，拌勻後再注入咖啡杯中。

[大阪・和泉]

辻本珈琲

METHOD-1
Paper drip

METHOD-2
Airpressure

ORIGAMI 摺紙濾杯搭配 2020 年 6 月販售的 ORIGAMI AS 樹脂濾杯座一起使用。杯座設計配合 ORIGAMI 摺紙濾杯的肋柱溝槽,兩者之間的吻合度更高,使用起來更加順手。

於 2020 年 4 月上市的萃取器「愛樂壓旅行版 AeroPress Go」。推薦搭配使用愛樂壓專用的精密不鏽鋼濾網。

手拿萃取機器「蒸氣龐克(steampunk)」的公關部負責人脇田萌維先生(右),以及手拿可以統一咖啡粉粒徑的器具「KRUVE」製造部負責人澤洋志小姐(左)。

SUTEKI NA JIKAN 股份有限公司董事長辻本智久先生。2003 年成立『辻本珈琲』,一開始出自家族經營的茶業,然後於 2017 年取得法人資格。辻本智久先生是一名烘豆師,同時也是 SCAJ 高級咖啡師,擁有咖啡質量鑑定師資格。

使用濾紙時，咖啡豆 1：熱水 18。
從基本配方探索味道的豐富性

　　從事日本茶買賣的「お茶の辻峰園」於 2003 年成立承包填充普通咖啡和濾掛式咖啡的『辻本珈琲』。2005 年在樂天市場網路平台開設從工廠直送原創品牌咖啡的「TSUJIMOTO coffee 樂天市場店」賣場。主要販售濾掛式滴濾咖啡、精品咖啡豆、無咖啡因咖啡、濃縮咖啡液、咖啡相關器具、日本茶。2017 年取得法人資格，成立 SUTEKI NA JIKAN 股份有限公司，於大阪府和泉市開設實體店鋪。

　　該公司的優勢之一是生產多種無咖啡因（低咖啡因）咖啡。當初因為網購需求量大，自然而然增加不少生產量，而如今網路商店的銷售量中，無咖啡因咖啡幾乎佔了一半。另一方面，為了促使實體店鋪在地方區域的普及化，實體店鋪將重心擺在精品咖啡，除了販售咖啡豆和相關商品，也提供外帶服務，主要使用製作義式濃縮咖啡的「SYNESSO 濃縮咖啡機」，以及調製滴濾咖啡的「POURSTEADY

自動化手沖咖啡機」。一台 POURSTEADY 自動化手沖咖啡機可以設定 5 種不同配方，提供高品質且更加穩定的美味咖啡。

　　基於「透過咖啡開啟美好時光」的理念，採購多種咖啡相關器具。不僅使用手感佳，更兼具設計感，重點是使用起來心情格外愉快。除此之外，店家還有接下來將為大家介紹的 ORIGAMI 摺紙濾杯和愛樂壓旅行版 AeroPress Go。　本先生表示「透過調整萃取時的熱水溫度、悶蒸、萃取時間，讓咖啡表情更豐富。萃取是瞭解自己口味偏好的重要過程，希望能夠將這樣的心情傳達給大家。」公關部負責人　田萌維先生說「能夠自然融入使用者生活型態的器具也非常重要。希望日後能繼續設計出令人情不自禁想觸摸，而且使用起來非常舒服的產品。」

SHOP DATA

■ 地址／大阪府和泉市春木町 1156-1

■ TEL ／ 0725（54）3017

■ 營業時間／ 12 時～ 17 時（週六、國定假日 11 時～）

■ 公休日／週日（※夏季、冬季、臨時公休）

■ 坪數／ 15 坪（店鋪 1 階）

■ 平均客單價／店頭 1500 日圓、通販 4300 日圓

■ URL ／ https://tsujimoto-coffee.com

METHOD - 1 / 辻本珈琲

Paper drip

提高熱水溫度，延長悶蒸時間，萃取咖啡豆原始風味

【 味道 】

	1	2	3	4	5
甜味				●	
酸味		●			
苦味			●		
濃郁度			●		
香氣				●	

（非飲品單品項）

店裡通常使用「POURSTEADY 自動化手沖咖啡機」萃取咖啡。由於店裡也有 HARIO 的 V60 濾杯，若客人有特殊需求，也會以手沖滴濾方式萃取。帶有楓糖般的甜味，喝起來輕盈順口。適合搭配牛奶，若需要使用砂糖，推薦添加蔗砂糖或三溫糖。

【 咖啡豆 】

低咖啡因
墨西哥 Mexico El Triunfo
以山水脫咖啡因加工法處理，完全不添加化學溶劑，經有機認證的咖啡豆。特色是帶有甘薯和楓糖般的甜味，以及滑順的酸味。中度烘焙。200g1047 日圓。

【 器具 】

- 濾杯：「ORIGAMI 摺紙濾杯 + ORIGAMI AS 樹脂杯座杯座」（K-ai）
- 濾杯：「V60 專用濾紙」（HARIO）
- 咖啡壺：「500ml 咖啡壺 G」（KALITA）
- 電子秤：「V60 手沖咖啡專用電子秤」（HARIO）
- 手沖壺：「零咖啡細口手沖壺」（TAKAHIRO）

ORIGAMI 摺紙濾杯有 20 根深肋柱，導致部分濾紙會出現漂浮狀態，但這反而能夠讓熱水通行無阻。這次搭配使用低咖啡因的墨西哥 Mexico El Triunfo 咖啡豆，這種咖啡豆容易吸收熱水，再加上使用濾杯快速萃取，咖啡味道更柔和香醇。另一方面，這種方式也有利於提取咖啡豆原有的甘薯和楓糖般甜味。

進行手沖滴濾萃取時，將熱水溫度調高一些，而且延長悶蒸時間。使用這款咖啡豆時，注水 5 次可能會覺得風味不足，建議注水 6 次，味道會相對均勻許多。

當客人詢問在家沖煮美味咖啡的訣竅，通常會建議他們將咖啡豆和熱水的比例設定為 1：18。一般多以 1：16 為基準，但『　本珈琲』認為 1：18 的比例是多數人比較能夠接受且較為順口的。因此老闆會建議 1：18 的基本配方，然後再請客人依個人喜好進行調整。

【　萃取方式　】

【2杯份（萃取量：320ml）】
咖啡豆量：20g
熱水量：360ml
熱水溫度：92℃

步驟	累計時間	注水量
第一次注水	0 秒～	20ml
悶蒸	（40 秒）	
第二次注水	40 秒～ 50 秒	40ml
第三次注水	1 分鐘～ 1 分 10 秒	40ml
第四次注水	1 分 20 秒～ 1 分 30 秒	40ml
第五次注水	1 分 40 秒～ 2 分鐘	100ml
第六次注水	2 分 10 秒～ 2 分 20 秒	120ml
完成	計 2 分 40 秒	（萃取量）320ml

【　萃取過程　】

1

將濾紙鋪在濾杯中。事先注入熱水淋濕濾紙，避免濾紙過度吸收咖啡液，且也有利於提高咖啡液的濃度和風味。倒掉流入咖啡壺裡的熱水。使用滲透率佳的 HARIO V60 濾杯專用濾紙。

2

在濾杯中倒入研磨成中顆粒的咖啡粉（20g）。

3

第一次注水，在咖啡粉上注入熱水，悶蒸 40 秒。熱水確實滲透至咖啡粉後再進行萃取。

4

以畫圓方式將熱水注入在內側。若將熱水注入在外側，熱水容易未確實通過咖啡粉就流入底下的咖啡壺中。第二次注入 40ml 熱水，第三次注入 40ml 熱水，第 4 次注入 40ml 熱水，第五次注入 100ml 熱水，第六次注入 120ml 熱水。每一次注水完要間隔 10 秒後再進行下一次注水。

5

為了盡快萃取咖啡豆的良好成分，將萃取時間控制在 3 分鐘內。完成時的溫度大約是 68℃，萃取量 320ml。為了讓味道更均勻，請於攪拌後再注入咖啡杯中。

METHOD - **2** / 辻本珈琲

Airpressure

濃郁萃取，再以熱水稀釋的美式風格。
金屬濾網萃取適度的酸味與高雅的甜味

【 味道 】

	1	2	3	4	5
甜味				●	
酸味				●	
苦味		●			
濃郁度				●	
香氣				●	

衣索比亞
Tirtira Goyo 水洗豆
610 日圓（稅別）

店家主要使用「POURSTEADY 自動化手沖咖啡機」萃取，但想要品嚐滑順咖啡油脂的話，愛樂壓和金屬濾網一起搭配使用最為合適。水果風味四溢，充滿高雅的酸味與甜味。

【 咖啡豆 】

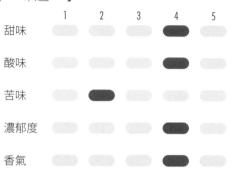

衣索比亞 Tirtira Goyo 水洗豆
帶有香檸檬和青蘋果般的溫和酸味，以及栗子和黑糖般的濃稠、甘甜。享受不同溫度帶來的多樣化風味。淺度烘焙。200g1512 日圓。

【 器具 】

· 愛樂壓旅行版 AeroPress Go
（AeroPress American）
· 過濾器：
愛樂壓專用不鏽鋼過濾器
（cera COFFEE）
· 電子秤：
「V60 手沖咖啡專用電子秤」
（HARIO）
· 手沖壺：
「雫咖啡細口手沖壺」
（TAKAHIRO）

　愛樂壓是一種透過加壓方式萃取濃厚咖啡味的器具。能夠提取介於濃縮咖啡機和手沖滴濾之間的咖啡風味。這次使用「愛樂壓旅行版 AeroPress Go」隨附的濾紙，但為了提取衣索比亞 Tirtira Goyo 水洗豆的絕佳風味，建議使用 13 微米網洞的不鏽鋼濾網。相較於濾紙，精密的金屬濾網比較能夠充分萃取咖啡油脂成分。

　這款衣索比亞咖啡豆是淺焙豆，容易出現酸味，但搭配愛樂壓 × 金屬濾網一起使用，不僅水果風味的酸味變得更清澈，還能萃取出高雅的甜味。

　愛樂壓旅行版 AeroPress Go 原本就是為了方便外出時使用，體型較為小巧，萃取量也相對較少。透過濃郁萃取後再添加熱水稀釋的美式風格，可以讓口感更加滑順。

【　萃取方式　】

☕ 【1杯份（萃取量：約 120ml）
　　　　 + 50ml 熱水稀釋】

咖啡豆量：18g
熱水量：120ml
熱水溫度：91℃

步驟	訣竅	注水量
注水	一段式注水	120ml
悶蒸	（1分鐘）	
攪拌	7 次	
加壓	（累計 1 分 40 秒）	（萃取量）120ml
稀釋		（總量）150ml
完成		（總量）170ml

【　萃取過程　】

1

使用濾紙濾材時，將熱水溫度調低一些，差不多 91℃。

2

將中研磨的咖啡粉倒入濾筒中。將濾筒上下顛倒使用（反轉倒置法），同樣進行悶蒸與攪拌作業。

3

一口氣注入 120ml 的熱水，悶蒸 1 分鐘。雫咖啡細口手沖壺不僅容易控制注水量，不鏽鋼材質輕盈又防鏽，甚至可以放在電磁爐上加熱使用。方便性這一點十分具有魅力。

4

悶蒸期間內，在愛樂壓旅行版 AeroPress Go 附屬隨行杯裡注入 50ml 熱水備用。

5

悶蒸結束之後，用攪拌棒攪拌 7 次。透過悶蒸和攪拌讓味道更有多汁的感覺。

6

使用愛樂壓專用的細網洞 13 微米金屬濾網，將濾網放入濾蓋中，然後旋緊在濾筒上。

7

將上下顛倒的濾筒擺在隨行杯上，然後插入壓桿。慢慢向下按壓，直到壓桿下降至底部的咖啡粉。

8

攪拌後注入咖啡杯中。

[東京・墨田]

しげの珈琲工房

METHOD-1

Paper drip

除了精品咖啡豆，其他咖啡品項皆為 1 杯 600 日圓。盛裝咖啡的和風咖啡杯每一個都不一樣，全都是峰岸先生親自到陶瓷器市場挑選。基本上使用花瓣濾杯沖煮咖啡，但冰咖啡或偏好濃咖啡的人，會改用 KONO 濾杯萃取。

老闆兼烘豆師兼咖啡師的峰岸繁和先生。18 歲進入『珈琲道場侍』就職，一頭栽入咖啡世界長達 40 年。以盡可能增加咖啡粉絲的想法經營咖啡館，同時也擔任當地地區振興活動的旗手。SCAJ 認證咖啡師。坐在吧台前，可以清楚看到峰岸先生手沖咖啡的每個細節，對於興致勃勃的客人，峰岸先生也會仔細解說萃取步驟。自家烘焙的配方豆共有 8 種，單一產區咖啡豆有 17 種。從極淺焙豆到極深焙都有，種類豐富的咖啡豆滿足客人各種需求。

如花瓣濾杯的名稱所示，濾杯呈花瓣形狀。有 1 ～ 2 杯份和 2 ～ 4 杯份二種規格。除了照片中的樹脂材質，還有色彩柔和的有田燒陶瓷花瓣濾杯。

兼具濾布和濾紙優點的萃取器具，
享用自家烘焙豆的豐富多種美味

18 歲進入咖啡業，從零開始學習，涵蓋基礎服務業、萃取、烘豆。以「讓不敢喝咖啡的人也能輕鬆享用」為目標，於 1999 年在江戶川區平井開了一家名為『しげの珈琲工房』的咖啡館。並且於 2013 年搬遷至距離晴空塔徒步 4 分鐘的現址。僅吧台 6 個座位的小店裡總是擠滿喜歡和老闆峰岸繁和先生聊咖啡，用心觀察萃取過程的客人。

店裡使用 FUJIROYAL 富士皇家 3kg 烘豆機，平時備用大約 25 種自家烘焙豆。原本店家以深焙豆聞名，但為了廣為宣傳咖啡的潛力，約從 2 年前開始生產極淺焙咖啡。峰岸先生說「極淺焙豆帶有圓潤的果實風味，並非尖銳的酸味，就連偏好深焙豆的熟客也嘖嘖稱讚。」

關於萃取方式，店家主要使用三洋產業於 2016 年完成的花瓣濾杯。內側呈花瓣形狀，單孔設計的錐形濾杯搭配濾紙使用，但咖啡液的味道近似濾布滴濾咖啡，一上市立刻深受好評。

峰岸先生說「我原本就使用錐形濾杯，但令我感到驚訝的是花瓣濾杯較過往的濾杯更能真實呈現咖啡豆原味。想要品嚐口感輕盈些的咖啡，可以將咖啡豆研磨得粗一些，然後快速注入高溫熱水。反之，想要品嚐具厚重感的咖啡，則將咖啡豆研磨得細一些，並且緩慢注入熱水。藉由這樣的調整，任何一種咖啡豆都能沖煮出理想中的味道。我非常重視這樣的多用途性。」

店家經常不定期舉辦咖啡工作坊，使用的也是花瓣濾杯。浸濕後浮現的花瓣紋路、一體成型的把手設計，往往讓參加工作坊的客人愛不釋手，往往會於活動結束後直接買一個帶回家。

峰岸先生表示「這是一種能夠穩定萃取美味咖啡的器具，真心推薦給咖啡初學者使用。」

SHOP DATA

■地址／東京都墨田区業平 2-11-4

■TEL ／ 03（6658）8420

■營業時間／ 10 時～ 19 時

■公休日／週三、每月第 3 週的週二

■坪數、座位／ 6.5 坪、6 席

■平均客單價／ 850 日圓

■Ｕ Ｒ Ｌ ／ http://r.goope.jp/shigenocoffee

METHOD – **1** / **しげの珈琲工房**

Paper drip

活用花瓣形狀的肋柱凹槽，
讓咖啡粉確實膨脹

【 味道 】

	1	2	3	4	5
甜味				●	
酸味		●			
苦味			●		
濃郁度			●		
香氣				●	

珈琲（巴西
Amarelo Bourbon）
600 日圓

這是店裡單一產區咖啡豆中最受歡迎的一種。特徵是充滿甜味巧克力的香甜。

【 咖啡豆 】

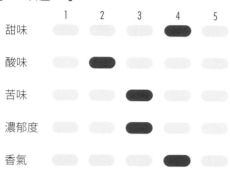

巴西 Amarelo Bourbon
自然水洗法處理（Eco Washed）的咖啡豆。屬於完全成熟至黃色的稀少黃波旁品種，經城市烘焙後，苦中也帶有甜味。100g680 日圓。

【 器具 】

・濾杯：「有田燒陶瓷花瓣濾杯」（三洋產業）
・濾紙濾材：「錐形濾紙」（三洋產業）
・咖啡壺：「燒杯玻璃咖啡壺」（三洋產業）
・手沖壺：「bonmac 手沖壺」（LUCKY COFFEE MACHINE）

　　花瓣濾杯最大的特色是內側呈花瓣紋路的凹槽。透過肋柱與濾紙間的空氣層，使飽含熱水的咖啡粉像在濾布中膨脹且形成厚實的過濾層。底部洞孔也有花形肋柱，促使萃取液順暢通過而不會阻塞。

　　岸先生說「之前曾經使用過各式各樣的錐形濾杯，這個器具包含所有濾杯的優點。雖然萃取濃度上升，但味道依舊清爽。」

　　雖說任何人都能輕鬆萃取美味咖啡，但必須特別留意注水方式。

　　岸先生建議大家「熱水淋濕咖啡粉後，重點在於以膨脹的圓頂為中心，在大約 10 元硬幣的範圍內注入熱水。將熱水注入在四周的話，熱水可能未經確實萃取咖啡粉成分就直接流入底下的咖啡壺中，這樣萃取液會變得較為清淡。另外，配合萃取液流入咖啡壺的速度注水，整體風味更加和諧。」

【 萃取方式 】

☕ 【1杯份（萃取量：150ml）】
咖啡豆量：14g
熱水量：174ml
熱水溫度：90℃

步驟	訣竅	注水量
第一次注水	朝中心處注水，淋濕咖啡粉	14ml
悶蒸	（40秒）	
第二次注水	5～6滴萃取液流入咖啡壺後，以畫小圓方式注水，約4～5圈	30ml
悶蒸	（10秒）	
第三次注水	維持咖啡粉呈圓頂狀，持續畫小圓注水，約10圈	60ml
第四次注水	中心凹陷後，再注水10圈左右（1分50秒～）	70ml
完成	2分20秒	（萃取量）150ml

【 萃取過程 】

1
將錐形濾紙鋪在濾杯中，注入熱水至整張濾紙邊緣。主要目的有4個，降低濾紙的味道、溫熱濾杯、不讓濾紙吸收第1滴寶貴的萃取液、抑制靜電。

2
咖啡粉容易受潮，建議做完所有準備工作後再開始研磨咖啡豆。1杯分量約使用14g中研磨咖啡粉，倒入濾紙後鋪平。立刻在咖啡粉中心處注入14ml的90℃熱水。確保熱水滲透至所有咖啡粉中。

3
悶蒸40秒。花瓣濾杯的肋柱和濾紙之間形成適度的空氣層，讓咖啡粉像濾布萃取時一樣膨脹。注入熱水時，以距離頂端5mm處為限。

4
約5～6滴萃取液流入咖啡壺裡後，在咖啡粉中心處以畫小圓方式注入熱水，約4～5圈。然後悶蒸10秒。濾杯肋柱用於保持萃取液的通道，幫助穩定味道。

5
維持咖啡粉呈圓頂狀，以畫小圓的方式繞10圈注水。第三次注水時，幾乎所有良好成分都已經萃取完成，所以慢慢、小心注水即可。

6
中心處的咖啡粉凹陷後，進行第四次注水，繞10圈左右。愈到後半段愈容易出現雜味，所以注水量比第三次增加10%左右，加快滴濾速度。萃取量達150ml後即可直接移開濾杯。

7
用湯匙確實攪拌，讓溫度與濃度一致。注入事先溫熱好備用的咖啡杯中，並且撈除表面浮沫。

［東京・椎名町］

サントスコーヒー

SANTOS COFFEE 椎名町公園前店

老闆深受咖啡魅力的吸引而開始學習萃取・烘豆，並於 2015 年成立『SANTOS COFFEE 椎名町公園前店』。

雖然使用冷萃咖啡的濾杯，但以熱水萃取濃厚咖啡液。為了萃取無雜味且濃厚的精華成分，獨自構想出這款冰咖啡。

提供使用濾紙滴濾來表現濃厚味道的冰咖啡。增加咖啡豆用量，悶蒸後以點滴式注入熱水，短時間內萃取濃厚精華咖啡液。

提取精華成分的獨特萃取工法。
一杯濃厚且風味濃縮的冰咖啡

位於東京・椎名町的『SANTOS COFFEE 椎名町公園前店』是一間提供精品咖啡的自家烘焙咖啡豆專賣店。老闆對自家烘焙店十分講究，基本上只提供咖啡，沒有其他飲品。配合萃取法與商品，挑選最適合的咖啡豆進行烘焙，再以滴濾咖啡、冰咖啡、義式濃縮咖啡方式呈現。

其中冰咖啡除了全年供應的招牌冰咖啡，每到夏季還會特別在萃取方式下功夫，推出夏季特別品項。每一次充滿個性的新品項都讓冰咖啡愛好者雀躍不已。接下來為大家介紹 2 種萃取方法的冰咖啡，雖然使用相同的咖啡豆，卻能呈現 2 種截然不同的美味。

由於是法式烘焙（French roast）處理，所以使用硬度較高的高原生豆。這種烘焙程度的目的在於「調製乾淨且味道紮實的濃郁冰咖啡。」使用專用配方豆也是店家冰咖啡的特色之一。

為了充分發揮咖啡豆的原始風味，構思跳脫標準萃取法的獨創萃取技術，藉此實現店家追求的咖啡個性。

在 P156 中將為大家介紹使用冰滴咖啡壺，但以熱水萃取且數量有限的濃厚冰咖啡。雖然採用冷萃咖啡器具的概念，但下功夫研究以熱水萃取，完成口感清爽的濃厚咖啡。而 P158 介紹的咖啡則是使用濾紙萃取，充滿小杯濃縮咖啡口感的冰咖啡。為了提取咖啡豆個性，以點滴方式注水，在短時間內只萃取濃郁的精華成分。

SHOP DATA

■ 地址／東京都豊島区南長崎 1-24-4

■ TEL ／ 03（6379）3721

■ 營業時間／ 10 時～ 19 時

■ 公休日／週一日

■ 坪數、座位／ 7 坪、10 席

■ 平均客單價／ 500 ～ 600 日圓

■ URL ／ https://www.santoscoffee.jp/

METHOD – **1** / **SANTOS COFFEE** 椎名町公園前店

Water drip

冰滴咖啡壺萃取
濃厚冰咖啡

【 味道 】

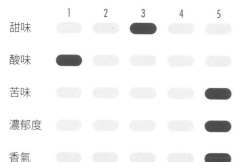

	1	2	3	4	5
甜味			●		
酸味	●				
苦味					●
濃郁度					●
香氣					●

超深焙冰咖啡
570 日圓

基於冷萃咖啡的原理，萃取雜味少且苦味順口的咖啡精華成分。置於冷藏室一晚讓味道更融合，醞釀猶如葡萄酒般的層次感，能夠同時感受濃縮的苦味與甜味。

【 咖啡豆 】

超深焙冰咖啡
將蜜處理法的巴西咖啡豆、日曬法的哥倫比亞咖啡豆、水洗法的瓜地馬拉和坦尚尼亞咖啡豆經深度烘焙後混合在一起的配方豆。烘豆時以苦味和甜味的濃縮味道為目標，烘焙程度為法式烘焙。

【 器具 】

- 冰滴咖啡壺：
「壓克力冰滴咖啡壺」
（HARIO）
- 濾杯：「松屋式 3 人用金屬濾架」
（松屋咖啡本店）
- 濾紙濾材：
「V80 專用濾紙」（HARIO）
- 咖啡壺：（KALITA）
- 手沖壺：「銅製手沖壺」（KALITA）

　　使用冷萃器具萃取的「超深焙」冰咖啡是 2020 年推出的限量品項。雖然用的是熱水，但活用冷萃咖啡的萃取原理，1 滴 1 滴慢慢過濾，提取高濃度的精華成分。

　　之所以使用熱水，是為了萃取比一般冷萃更濃厚的精華咖啡液。以 1 滴滴慢慢滴濾的方式萃取，但因為雜味會隨熱水溫度下降而出現，因此同時使用 2 個濾杯，將咖啡粉和熱水量減半，藉此縮短萃取時間。各以 20g 咖啡粉搭配 100ml 的熱水，萃取時間約 40 分～ 45 分。

　　慢慢注入熱水淋濕咖啡粉，為了萃取濃厚的精華咖啡液，使用填壓器壓緊壺內杯裡的咖啡粉，讓熱水慢慢滲透。另一方面，相對於粉面，壺嘴從較低位置注入熱水。

　　萃取完成後，將萃取液倒入密封容器中並置於冰箱冷藏室一晚。隔天就能享用葡萄酒般的層次感，以及濃縮的苦味與甜味。

【　萃取方式　】

☕ 【1 杯份（萃取量：200ml）】
　咖啡豆量：40g
　熱水量：400ml
　熱水溫度：92℃
　※實際操作時，將上述咖啡豆和熱水量平分成一
　半，使用 2 個萃取器具同時萃取。

步驟	累計時間	注水量
第一次注水	0 秒〜	40ml
悶蒸	（10 分鐘）	
第二次注水	50 〜 55 分鐘	400ml
完成	60~65 分鐘	（萃取量）200ml

【　萃取過程　】

1 將咖啡豆研磨成細顆粒，每次研磨 20g，放入鋪有濾紙的濾架裡，並且裝置於咖啡壺上。鋪平咖啡粉並用填壓器壓緊咖啡粉。以同樣步驟準備 2 組器具。

2 悶蒸用的注水從較低位置注入。為了避免阻礙萃取，將 2 組器具的濾紙稍做修剪。

3 各自從高於咖啡粉 1.2cm 處以畫「の」字形的方式在咖啡粉中心處注水，約 40ml 的熱水，然後悶蒸 10 分鐘。

4 將③裝置在 2 台冰滴咖啡壺的上壺下方。各自在上壺裡注入 200ml 熱水，轉動調整器設定為 1 秒 1 滴的速度。

5 40 〜 45 分鐘後，2 台冰滴咖啡壺共萃取 200ml 的咖啡液，倒入密封容器中並置於冷藏室 1 晚讓味道更加融合。將這種萃取方式製作的咖啡液結凍成冰塊，放入玻璃杯中再注入冰咖啡就大功告成了。

METHOD – **2** / **SANTOS COFFEE** 椎名町公園前店

Paper drip

小杯濃縮咖啡般的濃郁。
濾紙萃取冰咖啡

【 味道 】

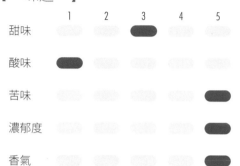

	1	2	3	4	5
甜味			●		
酸味	●				
苦味					●
濃郁度					●
香氣					●

超深焙冰咖啡
780 日圓

同 P156，1 杯咖啡使用 46g 咖啡豆，萃取 80ml 咖啡液。甜味隨苦味而來，一杯充滿濃郁風味的冰咖啡。不僅尾韻悠長，也能享受舌上的濃稠感覺。

【 咖啡豆 】

超深焙冰咖啡
※請參照 P156 咖啡豆解說

【 器具 】

・濾杯：「松屋式 3 人用金屬濾架」（松屋咖啡本店）
・濾紙濾材：「V80 專用濾紙濾材」（HARIO）
・咖啡壺：（KALITA）
・手沖壺：銅製手沖壺（KALITA）

　濾紙滴濾萃取「超深焙冰咖啡」萃取法的特色是使用 46g 中研磨咖啡粉，悶蒸後以點滴式注水並慢慢萃取 80ml 濃厚冰咖啡。同 P157，為了讓熱水確實滲透至咖啡粉中，先用填壓器壓緊濾杯中的咖啡粉，然後再進行悶蒸的注水。

　第二次之後的注水都採用點滴式注水。在咖啡粉中心 50 元硬幣大小的範圍內 1 滴 1 滴注入熱水，讓熱水慢慢滲透至所有咖啡粉中。

　注水速度為注入 1 滴熱水後，底下要滴濾出 1 滴咖啡液的速度。控制注水和萃取速度，保持這樣的狀態，持續注入熱水至萃取量達 80ml。

　將事先以「冰滴咖啡壺萃取的濃厚冰咖啡」製作的咖啡冰塊倒入剛才萃取的咖啡液中，急速冷卻後再用玻璃杯盛裝上桌。

【　萃取方式　】

☕ **【1杯份（萃取量：80ml）】**
　咖啡豆量：46g
　熱水量：340ml
　熱水溫度：92℃

步驟	累計時間	注水量
第一次注水	0 秒～	40ml
悶蒸	（2 分鐘）	
第二次注水	7 ～ 8 分鐘	300ml
完成	9 ～ 10 分鐘	（萃取量）80ml

【　萃取過程　】

1

將咖啡豆研磨成中顆粒，倒入鋪好濾紙的濾杯中。輕敲濾杯抹平咖啡粉，再使用填壓器壓緊。

2

以細小水柱在咖啡粉中心處畫「の」字形注水，約 40ml。不要在濾紙上注水，務必讓熱水確實滲透至咖啡粉中。悶蒸 2 分鐘。

3

第二次注水，以點滴方式在咖啡粉中心約 50 元硬幣大小的範圍內注入熱水。每注入 1 滴熱水，就有 1 滴萃取液流入咖啡壺中，萃取量達 80ml 時移開濾杯。

4

添加事前萃取並置於冷凍庫中結凍的咖啡冰塊，攪拌使其冷卻。在玻璃杯中放入相同的咖啡冰塊，再倒入剛才冷卻備用的冰咖啡就大功告成了。

[奈良・五條]

コトコーヒーロースターズ

KOTO COFFEE ROASTERS

Beaker + Net

店鋪正前面是一片視野遼闊的絕佳風景，雖然近年來的基本消費型態是網購，但仍舊有不少親自前往店裡採買的客人，天氣好的時候，店家會開放露台座位區供客人小憩一下（未提供飲品）。

店老闆阪田正邦先生。20 多歲時走訪世界各地，因深深認同精品咖啡的概念而決心走上咖啡之路。擔任家庭主夫期間開始著手各項開業準備工作，終於在 2017 年 6 月成功創業。

阪田先生表示「基於希望客人能於萃取咖啡之前再磨豆的想法，比起萃取器具，更建議客人購買一台磨豆機。」店家使用的是「EK43」磨豆機。

平日專心於烘豆作業。使用 GIESEN 的 6kg 烘豆機，1 星期烘焙 50kg 左右的咖啡豆，透過網路商店和批發商的管道銷售。

基於烘豆師的立場，
構思簡單又不易走味的浸漬式萃取法

阪田正邦先生於開業第 3 年榮獲日本精品咖啡協會主辦的「2019 年日本咖啡烘焙大賽」第一名。一開始阪田先生開了一間烘豆實體店鋪，販售自家烘焙的咖啡豆，但為了追求更好的烘豆環境，於 2020 年遷移至現址。以專營網路商店和批發工作的烘焙工坊之名重新出發。

店裡有 3 種中淺焙豆、3 種中深焙豆，以及 2 種配方豆。目前網路商店和批發的銷售額差不多，另外也因應當地顧客的需求，僅週末開放現場販售。

客人購買咖啡豆時，阪田先生會適時推薦萃取方法，主要是使用燒杯和去除浮渣的獨特浸漬法。過去常使用法式濾壓壺，但並未將壓桿向下擠壓，而是直接以濾茶器過濾。而現在這個方法更簡單，任何人都能在家輕鬆萃取同樣味道的咖啡。

中淺焙豆～中深焙豆的咖啡豆都用沸騰的 100℃ 熱水萃取，浸漬過後才開始進行過濾，這樣萃取液中的微粉比較不容易亂飛，也更能品嚐到近似杯測程度的美味。雖然高溫萃取容易因為咖啡豆種類而出現一些比較不美味的成分，但只要使用店家提供的高品質精品咖啡豆，就完全不需要擔心這個問題。

阪田先生表示「來店的客人以家庭主婦和高齡者居多，所以我會介紹他們一種在家也能輕鬆萃取，每天都能享用美味咖啡的簡單萃取方法。先前所說的浸漬式萃取法，只要確實量測『分量』與『時間』，就能輕鬆萃取。相較於滴濾式，不僅不容易走味，也比較能夠維持一定的水準，雖然不到滿分的程度，卻能隨時享用高達 80 分的咖啡。」

除了推薦簡單萃取器具外，基於希望客人盡量在萃取之前才研磨咖啡豆，通常都會另外再建議客人添購一台磨豆機。

SHOP DATA

■地址／奈良縣五條市上之町 481
■TEL ／ 0747（39）9060
■坪數、座位／約 600 坪、無提供店內飲用
■平均客單價／ 1000 日圓
■URL ／ https://koto-coffee.shop/
□目前咖啡豆只採網路銷售。
　僅週末開放現場販售（詳細內容公告於官網）

METHOD - **1** / **KOTO COFFEE ROASTERS**

Beaker + Net

獨創杯測方式，
直接萃取高品質咖啡豆的美味

【 味道 】

	1	2	3	4	5
甜味				●	
酸味				●	
苦味			●		
濃郁度			●		
香氣					●

（非飲品單品項）

充滿紅葡萄與覆盆子的味道，特色是具有清爽的酸味與清澈的口感。

【 咖啡豆 】

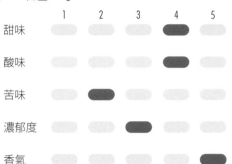

衣索比亞 HaruSuke

耶加雪菲地區 HaruSuke 村附近的莊園所栽培，純手工摘取的衣索比亞原生品種咖啡豆「heirloom（傳家寶）」，經日曬工法處理後再烘焙成中淺焙豆。100g800 日圓，200g1500 日圓。

【 器具 】

·燒杯：
（AGC TECHNO GLASS 公司）

·撈除浮沫器具

·手沖壺：電熱水壺（T-fal）

·電子秤：
「手沖咖啡電子秤 Pearl Mode」
（Acaia）

讓客人理解萃取技法能夠提取咖啡豆最原始美味的同時，阪田先生也表示「我是一名烘豆師，所以我更重視高品質咖啡豆的烘焙程度。為了讓購買這些咖啡豆的客人能夠每一次都萃取不會走味的咖啡，特別設計了這款浸漬式萃取法。」

這是從杯測中獲得的靈感，任何人都能輕鬆、簡單萃取出相同味道的咖啡。

粉水比為 1：20，將研磨後的咖啡粉和熱水一起放入燒杯中，4 分鐘後撈除浮渣。然後繼續浸漬 4 分鐘讓微粉沉澱，這樣便能萃取微粉量最少的清澈咖啡液。

和杯測一樣注入沸騰的熱水，如果不喜歡這種味道，可以試著降低熱水溫度。無論咖啡豆是好是壞，味道都會直接呈現，所以使用店家烘焙的高品質咖啡豆進行萃取時，店老闆都會推薦這個萃取方法。

【 萃取方式 】

【2 杯份（萃取量：450ml）】

咖啡豆量：25g
熱水量：500ml
熱水溫度：100℃

步驟	訣竅	注水量
注水	大水柱注水	500ml
浸漬	4 分鐘	
撈取浮渣		
浸漬	4 分鐘	
萃取	動作輕柔地倒入咖啡壺中（過濾撈取浮渣）	
完成		（萃取量）450ml

【 萃取過程 】

1
磨豆機「EK43」的粒度設定為「8」，將咖啡豆研磨成中顆粒。採用浸漬式萃取時，則設定為細粒度。

2
將咖啡粉倒入燒杯中。

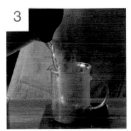

3
將電熱水壺煮沸的熱水全部倒進去。為了讓熱水產生對流，以斜斜的角度一口氣注入。

4
浸漬 4 分鐘。

5
撈除表面清澈的浮沫。

6
再浸漬 4 分鐘。在這段期間，微粉沉澱至底部。

7
使用撈除浮沫的器具過濾萃取液至咖啡壺中。放慢過濾速度，避免沉澱的微粉再次揚起。由於浸漬時微粉逐漸沉澱，撈除浮沫時，幾乎沒有微粉殘留。

［東京・練馬］

自家焙煎珈琲豆　隠房

かくれんぼう

METHOD-1　METHOD-2

Paper drip　Paper drip

為了更有效率的萃取咖啡粉的精華成分，採取點滴式注水。約 2 分 40 秒～3 分鐘萃取濃郁咖啡液。

萃取液經稀釋後，不僅能突顯精品咖啡豆的個性，飲用時也更加順口。不喜歡咖啡特有苦味的人也能愉快享用。

店老闆栗原吉夫先生不斷摸索濾杯萃取的原理，終於開發出『隱房』的獨特萃取技法。目前擔任日本手沖滴濾咖啡協會的顧問。

點滴式注水，只萃取美味精華。
活用精品咖啡豆的獨特個性

　　自家焙煎珈琲豆『隱房』開業於1988年，由店老闆栗原吉夫先生一人獨自經營，是一間社區型咖啡館。除了販售咖啡豆，也針對一般市民舉辦咖啡教室，擴展咖啡迷的基礎知識。

　　店家販售的烘焙豆只有精品咖啡豆，包含10種單一產區單品豆和5種配方豆。客人可以從中挑選自己喜歡的咖啡豆，而且所有種類的咖啡豆都能立即萃取成熱咖啡或冷咖啡，一切的過程全由店老闆栗原先生一人包辦。

　　這家店的另外一個特色就是栗原先生構思的濾紙滴濾萃取法。栗原先生自創咖啡萃取理論，並以此為基礎，獨創了這套美味咖啡萃取法。

　　將濾布滴濾萃取中的點滴式注水法活用在濾紙滴濾中，只萃取濃厚咖啡精華，再藉由稀釋來突顯咖啡豆個性，這種技法同時也能讓咖啡變得更順口。

　　栗原先生當初之所以構思這個方法，起因是質疑究竟是滴濾法還是浸漬法才能最有效率地萃取精華成分。經過科學分析研究的結果，了解滴濾法萃取

的效率優於浸漬法，於是他便構思了目前這個透過點滴式注水，僅萃取美味成分的方法。除此之外，為了提高萃取液的風味、避免雜味滲入、突顯咖啡豆個性，以及滑順口感，更想出加水稀釋濃厚萃取液的這個技法。

　　這種萃取方式更能明確表現精品咖啡豆所具有的清晰且輕盈的風味特性。刻意不提供牛奶或糖漿，讓客人盡情享受咖啡豆的纖細風味。另外，冷咖啡的溫度通常不會太冰，約8℃左右，而且不會隨附吸管。

SHOP DATA

■地址／東京都練馬区練馬 4-20-3　ミヤマビル 101

■TEL ／ 03（6914）7248

■營業時間／ 12 時～ 19 時（內用時間至 18 時，最後點餐時間為 17 時 30 分）

■公休日／週二日

■坪數、座位／ 15 坪、10 席

■平均客單價／（內用）700 ～ 750 日圓，（咖啡豆）1500 日圓

■URL ／ https://www.kakurenbou.jp/

METHOD - 1

自家焙煎珈琲豆　隱房

Paper drip

萃取 3 倍濃度，
再以冷水稀釋

【 味道 】

	1	2	3	4	5
甜味					●
酸味				●	
苦味		●			
濃郁度			●		
香氣					●

隱房綜合冷咖啡
600 日圓

店內平時備用 5 種配方豆，這是最受客人青睞的一種。調製成冷飲，既充滿豐富香氣，也帶有甜味和水果般的酸味。

【 咖啡豆 】

隱房配方豆
城市烘焙
苦味與酸味均衡和諧，是店裡最受歡迎的配方豆。以哥斯大黎加咖啡豆為基底，混合衣索比亞、坦尚尼亞等咖啡豆。城市烘焙程度。200g1620 日圓。

【 器具 】

・濾杯：
「KONO 名人濾杯」（KONO）
・濾紙濾材：「KONO 專用錐形濾紙」
（KONO）
・手沖壺：「銅製手沖壺」（KALITA）
・計時器

　出自店老闆栗原先生的獨創冷咖啡，風味絕佳且清爽。既能突顯精品咖啡豆的個性，又有飲茶的感覺，甚至連平時不喝咖啡的客人也讚不絕口。不同於一般市售冰咖啡，基於獨特的萃取方式而取名為冷咖啡。

　將 1 人份的 15g 咖啡粉倒入濾杯中，再將濾杯擺在裝有冰塊和少量冷水的玻璃杯上。以 160 秒慢慢注入 50 ～ 60ml 的 95℃ 熱水，萃取相對濃郁的咖啡液。再使用 3 ～ 4 倍的冷水稀釋咖啡液，最終以大約 8℃ 的溫度端上桌。

　苦味和澀味減弱，反而更能感受到隱藏在其中的咖啡豆原始風味。

　栗原先生說「正因為是雜味少且風味清晰的精品咖啡豆，才適合使用這種萃取方式。貫穿鼻腔的清香，最適合在風味纖細的高湯文化下成長的日本人。」

【　萃取方式　】

☕ 【1 杯份（萃取量：50 ～ 60ml）
　　　　＋ 3 ～ 4 倍冷水稀釋】

咖啡豆量：15g
熱水量：90 ～ 100ml
熱水溫度：95℃

步驟	累計時間	注水量
第一次注水	0 秒～	15ml
悶蒸	（50 秒）	
第二次注水	51 秒～	75 ～ 85ml
完成	160 秒	（萃取量）50 ～ 60ml

【　萃取過程　】

1 玻璃杯裡放冰塊和 2 大匙水。冰塊的目的是加速冷卻萃取液。

2 將咖啡粉倒入濾杯中，輕敲濾杯抹平咖啡粉表面，然後將濾杯擺在 ① 的玻璃杯上。

3 將煮沸的熱水從熱水壺倒入手沖壺中，在咖啡粉中心處注入 15ml 的熱水並悶蒸 50 秒。

4 50 秒過後，持續邊注水邊悶蒸。1 分 10 秒～ 1 分 20 秒之間，以點滴方式在咖啡粉中心處注水。

5 1 分 10 秒～ 20 秒時萃取液開始流入下方玻璃杯。以同樣節奏點滴式注水。

6 2 分 40 秒萃取完成。繼續萃取恐容易出現雜味。萃取量達 50 ～ 60ml 時移開濾杯，從杯口處注入冷水。

7 撈除冰塊，剩 2 ～ 3 個就好。再次注入冷水，補足減少的冰量。用湯匙攪拌均勻。

8 確認顏色、味道、溫度，覺得冷水不夠時，移至其他玻璃杯中再加水稀釋。冷水量大概是萃取液的 3 ～ 4 倍。溫度為容易感受到風味的 8℃ 左右。

METHOD - 2 / 自家焙煎珈琲豆　隱房

Paper drip

以稀釋為前提的獨創萃取法
約 180 秒萃取 60 ～ 80ml 咖啡液

【 味道 】

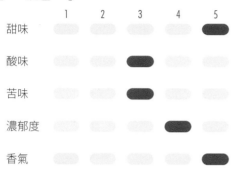

	1	2	3	4	5
甜味					●
酸味			●		
苦味			●		
濃郁度				●	
香氣					●

隱房綜合熱咖啡
600 日圓

使用和 P166 冷咖啡相同的咖啡豆。沖煮熱咖啡時，甜味、香氣和冷咖啡差不多，但酸味變得較為溫和，搭配苦味更和諧。

【 咖啡豆 】

隱房配方豆
城市烘焙
苦味與酸味均衡和諧，是店裡最受歡迎的配方豆。哥斯大黎加咖啡豆為基底，混合衣索比亞、坦尚尼亞等國的咖啡豆。城市烘焙程度。200g1620 日圓。

【 器具 】

・濾杯：
　「KONO 名人濾杯 1 ～ 2 人用」
　（KONO）
・濾紙濾材：
　「KONO 專用錐形濾紙 1 ～ 2
　人用」（KONO）
・咖啡壺：「好握咖啡壺」（HARIO）
・手沖壺：「銅製手沖壺」（KALITA）
・計時器

　以『隱房』原創冷咖啡的萃取方式為基礎的熱咖啡萃取法。而熱咖啡也同樣會添加熱水稀釋後再端上桌。

　不同於冷咖啡的萃取，調製熱咖啡時，一開始就以點滴方式注入熱水。熱水慢慢滲透至咖啡粉的同時進行悶蒸。以 3 分鐘為基準，稍微多萃取一些咖啡液，再添加熱水稀釋。

　1 人份使用 15g 咖啡豆，務必於萃取之前才使用磨豆機研磨成中顆粒。將濾杯擺在咖啡壺上，於咖啡粉中心處，點滴式注入 95℃的熱水。

　點滴式注水 90 秒後，精華咖啡液開始流入咖啡壺。配合這個速度，為避免產生氣泡，持續以點滴式在咖啡粉中心處注水。以 3 分鐘為基準，萃取 60 ～ 80ml 咖啡液後移開濾杯。

　確認味道的同時，在精華咖啡液中添加熱水稀釋以調整濃度。

【 萃取方式 】

【1 杯份（萃取量：60 ～ 80ml）
＋ 1.5 ～ 2 倍熱水稀釋】

咖啡豆量：15g

熱水量：200 ～ 300ml

熱水溫度：95℃

步驟	累計時間	注水量
第一次注水 （點滴式注水後悶蒸）	0 秒～ 90 秒	15 ～ 20ml
第二次注水 （點滴式注水）	90 秒	120ml 前後
完成	180 秒	（萃取量）60 ～ 80ml

【 萃取過程 】

1 萃取之前再將咖啡豆研磨成中顆粒，倒入鋪有濾紙的濾杯中。輕敲濾杯抹平咖啡粉表面。

2 壺嘴從較低位置在咖啡粉中心處點滴式注水。好比依序從咖啡粉中萃取成分的感覺注水。

3 配合注水 90 秒後，流下第一滴萃取液的速度，持續往咖啡粉中心處點滴式注水。

4 壺嘴從非常低的位置點滴式注水，既可避免產生泡沫，也能讓最清澈的熱水接觸咖啡粉以萃取咖啡粉最原始的成分。

5 操作過程中傾斜濾杯，確認熱水並非單向流動，而是均勻接觸所有咖啡粉。

6 注水會使咖啡粉膨脹而出現氣泡，但氣泡卻是苦味與澀味的來源，務必要採用像是戳破氣泡般的點滴式注水。

7 以 3 分鐘為基準，僅萃取 60 ～ 80ml 咖啡豆最優質的成分。時間拖太長容易出現雜味，完成後即刻移開濾杯。

8 在萃取液中添加熱水並確認味道。添加熱水的目的是突顯咖啡豆個性。稀釋後即可注入咖啡杯中。

[北海道·札幌]

大地の珈琲

METHOD-1 METHOD-2

Paper drip

Nel drip

老闆的座右銘是「依照每位客人的喜好，提供最美好的咖啡。」以咖啡的「土」「水」「木」「綠」「太陽」自然形象，為客人精選咖啡豆。

使用新潟縣燕市老字號琺瑯製造商製造的「TSUBAME 濾杯」。

老闆山下大地先生在「珈房サッポロ珈琲館」、「可否茶館」累積 13 年的經驗後才終於自行開業。

咖啡店招牌飲品「大地綜合咖啡」、基本單一產區咖啡（哥倫比亞、哥斯大黎加、巴西、曼特寧咖啡）、「大師精選」等所有咖啡品項都能使用壺裝方式上桌。

使用濾紙和濾布萃取咖啡液。
根據飲用時間和飲用者心情提供最佳建議

『大地 珈琲』是一間開業於 2019 年 11 月的自家烘焙咖啡店，位於距離北海道大學不遠的住宅區，深受各年齡層的咖啡迷喜愛。

老闆兼烘豆師的山下大地先生開業之前曾在札幌 2 家大型咖啡連鎖店修業。在以濾紙滴濾萃取為主的咖啡店工作 6 年，在以濾布滴濾萃取為主的咖啡店工作 7 年，努力學習 2 種萃取方式。活用這些萃取法的優點，在 2 杯容量的咖啡壺中，依客人喜好為他們盛裝濾紙滴濾、濾布滴濾、法式樂壓壺等方式萃取的咖啡。

另一方面，山下先生擁有「SavvasiClassificador Brazil 咖啡鑑定師」、「CQI Q Arabica Grader 咖啡品質鑑定師」等證照，山下先生會根據客人當下的情況，推薦最適合的咖啡豆與萃取方法，例如「早上的第一杯咖啡，想喝得清爽些」，或是「感覺有點累，想喝得清淡無負擔一點」。

飲品單中有 4 種單一產區咖啡和 1 種綜合咖啡，另外還有不定期更換，使用山下先生嚴選咖啡豆沖煮的「大師精選」咖啡，有不少咖啡迷都是衝著這一點前來光顧。即便是相同的萃取方法，山下先生也會依客人喜好調整濃度與溫度，用心對待每一位來店光顧的客人。

山下先生說「喝水、牛奶、優格的口感都不一樣，咖啡也是同樣道理。」如果是充滿果香的淺焙咖啡豆，建議使用濾紙直接萃取，口感會較為輕盈爽口。如果喜歡典型深焙豆的濃郁多層次口感，則建議使用濾布滴濾萃取。舉凡生豆品質鑑定、烘焙咖啡豆、咖啡液萃取，全都由山下先生一人包辦，因此山下先生的目標是「萃取更接近烘焙時預設描繪的味道。」

SHOP DATA

■ 地址／北海道札幌市北区北 20 条西 8 丁目 1-3

■ TEL ／ 011（769）9080

■ 營業時間／ 10 時～ 18 時（最後點餐時間 17 時 30 分）

■ 公休日／週三、國定假日、偶爾不定期公休

■ 坪數、座位／約 15 坪、8 席

■ 平均客單價／ 1000 日圓

■ URL ／ https://www.daichicoffee.com

METHOD - **1** / 大地の珈琲

Paper drip

琺瑯濾杯萃取，
講究咖啡豆原始的香氣與味道

【 味道 】

	1	2	3	4	5
甜味			●		
酸味			●		
苦味			●		
濃郁度			●		
香氣			●		

巴西咖啡　572 日圓

店家使用的咖啡杯和電影「幸福的麵包（しあわせのパン）」裡使用的咖啡杯是同一系列，皆為以北海道為活動據點，陶藝家山田雅子小姐的作品。每一杯咖啡都會隨附一份一口大小的「點心」。

【 咖啡豆 】

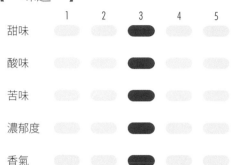

巴西咖啡豆
巴西之旅中的新發現，根源自北海道的日裔第三代經營的「SHIMADA農園」所栽培生產的咖啡豆。啜飲時口中有類似根菜類的蔬菜風味，因充滿「大地味道」而作為店家的主打咖啡豆。中深度烘焙，100g669 日圓。

【 器具 】

・濾杯：TSUBAME 濾杯
　（GLOCAL STANDARD）
・滴水壺
・濾紙濾材：
　「V60 濾紙濾材」（HARIO）
・咖啡壺：
　「V60 咖啡壺」（HARIO）

　店家使用 TSUBAME 的濾杯，由於是琺瑯材質，不容易沾附味道，更不會因此損害咖啡的味道品質。搭配濾紙使用，尾韻會比使用濾布滴濾萃取還要清澈且鮮明，是品質保證的重要參數。

　山下先生表示「咖啡狀態依咖啡豆品質、烘焙程度、當天氣溫而有所改變，萃取時務必仔細觀察咖啡豆的『呼吸』。」呼吸指的是注入熱水時，咖啡豆表面的氣泡膨脹程度和香氣。舉例來說，出現許多褐色細小蓬鬆氣泡時，必須放慢注水速度；使用剛烘焙好的咖啡豆而產生粗氣泡時，則必須稍微提早第二次注水的時間。悶蒸時間也根據呼吸情況隨時進行微調。

　以壺盛裝咖啡時（店家使用濾壓壺盛裝），老闆會依照客人的需求，選用濾紙、濾布、法式濾壓壺等不同方式萃取。這麼做的目的是為了根據不同時間區段、客人的情況，為他們推薦最適合當下飲用的咖啡。

【　萃取方式　】

☕ 【1 杯強分（萃取量：170ml】
咖啡豆量：17g
熱水量：205ml
熱水溫度：95℃

步驟	累計時間	注水量
第一次注水	0 秒〜	20ml
悶蒸	（約 30 秒）	
第二次注水	35 秒〜	55ml
第三次注水	1 分 5 秒	50ml
第四次注水	1 分 35 秒〜	80ml
完成	2 分 20 秒	（萃取量）170ml

【　萃取過程　】

1

濾杯和咖啡壺於使用之前先澆熱水溫熱備用。

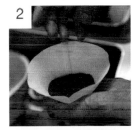

2

用磨豆機將咖啡豆研磨成中顆粒。將咖啡粉盡量倒入濾紙中間，以利沉入濾紙底部，接著將濾紙鋪在濾杯中。

3

第一次注水，以點滴般細小水柱注入 95℃的熱水。在 50 元硬幣大小的範圍內輕柔畫圓注水，然後悶蒸 20 〜 30 秒。

4

第二次注水，稍微加大水柱，仍然以畫圓方式注水，讓咖啡粉表面膨脹。

5

第三次注水，以大水柱方式注水至萃取完成。

6

確認味道後注入咖啡杯中，用湯匙撈除浮沫。

METHOD - 2 / 大地の珈琲

Nel drip

壓緊濾布中的咖啡粉，打造紮實的咖啡層

【 味道 】

	1	2	3	4	5
甜味			●		
酸味		●			
苦味				●	
濃郁度				●	
香氣				●	

大地綜合咖啡
壺裝
900 日圓

點 1 杯分量的大地綜合咖啡時，通常使用濾紙滴濾萃取，唯有點壺裝（約 2 杯分量）大地綜合咖啡時，才能選擇濾布或法式濾壓壺等不同萃取方式。

【 咖啡豆 】

大地配方豆
以深度烘焙的曼特寧為基底，搭配中度烘焙的哥倫比亞咖啡豆和中深度烘焙的巴西咖啡豆，各自烘焙後再混合在一起，特色是喝起來帶點微微苦味。於生豆狀態和烘焙後各進行一次手工挑瑕疵豆作業。100g648 日圓。

【 器具 】

• 濾布過濾器
• 滴水壺
• V60 咖啡壺（HARIO）
• 調酒用搗棒

　山下先生說「濾布滴濾咖啡充滿醇厚且馥郁的風味。」將研磨好的咖啡粉倒入濾布中，再以類似調酒用搗棒壓緊，這種獨特手法能夠壓縮咖啡粉以阻斷熱水通過的縫隙，藉此達到悶蒸效果以提取咖啡粉原味。使用質地厚的濾布且慢慢萃取，咖啡液雖然味道深濃，但由於萃取時間長，咖啡液難免會變涼，因此端上桌前需要再次加熱。另一方面，從咖啡壺注入咖啡杯或濾壓壺中時，表面起泡會影響口感，必定會先用湯匙除去氣泡後再端給客人。

　店家使用直火式烘豆機，曼特寧等適合濾布滴濾萃取的深焙豆通常於烘焙後會產生大量氣體。建議靜置 2、3 天，待氣體排出後再萃取。萃取速度也可能因當天咖啡豆狀態而有所不同。

【 萃取方式 】

【2 杯份（萃取量：320ml）】
咖啡豆量：32g
熱水量：425ml
熱水溫度：88℃

步驟	累計時間	注水量
第一次注水	0 秒～	25ml
悶蒸	（25 秒左右）	
第二次注水	30 秒～	100ml
第三次注水	1 分 20 秒～	130ml
第四次注水	2 分 20 秒～	170ml
完成	3 分 40 秒	（萃取量）320ml

【 萃取過程 】

1

擰乾事先浸泡在冷水裡的濾布，夾在毛巾中間瀝乾水氣後套於把手上。

2

用磨豆機將咖啡豆研磨成粗顆粒，直接取濾布盛裝。

3

取調酒用搗棒填壓咖啡粉以提高密度。透過這種方式打造咖啡粉過濾層，延長萃取時間。

4

以繞圈方式注入 88℃ 的熱水，讓熱水確實滲透至咖啡粉中，靜置 20 ～ 30 秒等待悶蒸與膨脹。

5

先以細小水柱注水，萃取液開始流入咖啡壺時，再稍微加大水柱且以繞圈方式注水，讓咖啡泡沫形成大圓。持續這個動作，直到泡沫擴大至邊緣。萃取時間約 3 分 30 秒。

6

萃取完成後用湯匙攪拌，試喝確認味道。

7

建議端上桌時的溫度是 70℃ 左右，加熱後再注入咖啡杯中。

8

為了提高口感的順暢度，將咖啡注入小杯後，用湯匙撈除表面浮沫。接著將剩餘的咖啡倒入濾壓壺中，同樣也先撈除浮沫。

［東京・経堂］

ファインタイムコーヒーロースターズ

FINETIME COFFEE ROASTERS

Airpressure　Steep shot

來自挪威的壓力咖啡杯（SteepShot）。轉動板手並開啟閥門，咖啡液一鼓作氣地從螺旋杯口流出來。

以壓力咖啡杯搭配衣索比亞咖啡豆萃取的咖啡。使用熱水在短時間內萃取，所以倒入咖啡杯時的溫度仍然偏高，建議稍微冷卻一下，風味會更好。

愛樂壓和專屬濃縮咖啡萃取套件（照片右）。老闆近藤先生於 2016 年榮獲日本愛樂壓咖啡沖煮大賽第 3 名，照片左為使用愛樂壓搭配專屬配件濃縮咖啡萃取套件進行萃取。施加壓力即可萃取近似義式濃縮咖啡的濃厚咖啡液。

老闆暨烘豆師的近藤剛先生。以「打造讓所有參與咖啡作業的人都能幸福的世界」為目標，每天致力於烘焙作業。

使用愛樂壓萃取，
傳遞精品咖啡豆真髓

『FINETIME COFFEE ROASTERS』是一間以銷售咖啡豆為主的自家烘焙咖啡店，由曾經在日本愛樂壓咖啡沖煮大賽獲獎、在台灣國際咖啡交流協會主辦的國際烘豆賽中榮獲冠軍的近藤剛先生經營。本著「傳達精品咖啡豆具有的水果甜味與酸味」理念，使用愛樂壓萃取單一產區淺焙咖啡豆。

咖啡店開業於 2016 年，初期有客人一聽到沒有深焙咖啡豆就打道回府，近藤先生也著實為此感到相當苦惱。但隨著定期舉辦杯測品嚐會、用心與客人進行交流，大家漸漸能夠接受這就是一間淺焙豆咖啡專賣店，現在也吸引不少來自全國的咖啡愛好者。近藤先生表示「我特別重視生豆品質，追求充滿水果酸味與多層次風味的咖啡豆。因此我親自從挪威生豆公司『Nordic Approach』、『WATARU 股份有限公司』等數家公司中嚴選 6 ～ 7 種咖啡豆。」

近藤先生以前服務於外資金融機構，也曾周遊世界各國。即便現在已經身為一名專業咖啡人，近藤先生仍舊保持世界觀，積極蒐集各種咖啡最新資訊。這次為大家介紹來自挪威的嶄新萃取器具「壓力咖啡杯（SteepShot）」，以及愛樂壓專屬配件「濃縮咖啡萃取套件（Prismo）」，這些都是為了研究而採買。

近藤先生說「壓力咖啡杯（SteepShot）是榮獲無數獎項的挪威咖啡師 Tim Wendelboe 開發的萃取器具，我基於個人興趣購買。完全不需要技術，短短數秒鐘就能沖煮一杯美味咖啡。而濃縮咖啡萃取套件（Prismo）則是一種裝置於愛樂壓上，幫助萃取濃厚咖啡液的專屬配件。雖然稱不上和濃縮咖啡機萃取的咖啡一模一樣，但確實帶有紮實口感與甜味。」基本上主要使用愛樂壓萃取咖啡，但也會根據客人的需求，提供使用這些輔助器具萃取的咖啡。

SHOP DATA

■地址／東京都世田谷区経堂 1-12-15

■TEL ／ 03（5799）4130

■營業時間／ 12 時～ 19 時

■公休日／不定休

■坪數、座位／ 20 坪、16 席＋戶外席

■平均客單價／店內飲用 500 日圓，咖啡豆 900 日圓

■ URL ／ finetimecoffee.com

METHOD – **1** / FINETIME COFFEE ROASTERS

Airpressure

裝載專屬配件，
萃取充滿義式濃縮咖啡風味的濃厚咖啡

【 味道 】

	1	2	3	4	5
甜味					●
酸味				●	
苦味	●				
濃郁度					●
香氣					●

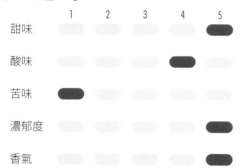

添加了 100ml 的牛奶，風味和諧度最為理想。雖然顏色看似清淡，卻有紮實的咖啡風味。

（非飲品單品項）

帶有莓果酸味和巧克力香甜味。口中會留下令人感到舒服的尾韻，久久不散。

【 咖啡豆 】

衣索比亞日曬豆

出自雪冽圖水洗廠（Chelelektu Washing Station）的精品咖啡豆。清澈中帶有草莓、藍莓的酸味和巧克力的香甜味。生豆採購自挪威一家名為 Nordic Approach 的咖啡生豆公司。100g1000 日圓。

【 器具 】

・愛樂壓（美國愛樂壓）

・專屬配件：
　濃縮咖啡萃取套件（Prismo）
　（FELLOW）

・手沖壺：「TAKAHIRO 細口手沖壺」
　（TAKAHIRO）

・電子秤：
　「V60 手沖咖啡專用電子秤」
　（HARIO）

由美國品牌「FELLOW 股份有限公司」發售的愛樂壓專屬配件－濃縮咖啡萃取套件（Prismo）。將不鏽鋼材質的濾網和壓力閥門組裝在一起，然後安裝於愛樂壓本體上，單手即可壓出義式濃縮咖啡般的濃厚咖啡。另一方面，組裝濃縮咖啡萃取套件時，在壓下壓桿之前，愛樂壓本體內部還是處於密封狀態，無須擔心會發生單用愛樂壓時容易出現的滲漏現象，可以完全做到浸漬式萃取。

使用方式和單用愛樂壓時沒有太大差異，不同之處在於所需熱水量非常少，因此注入熱水後，務必確實攪拌。

近藤先生說「使用濃縮咖啡萃取套件可以輕鬆調製咖啡拿鐵風味的咖啡。比起咖啡機沖煮的義式濃縮咖啡還要順口好喝，深受不少客人喜愛。調製拿鐵風味咖啡時，建議使用日曬處理的咖啡豆。巧克力般的甜味適合搭配牛奶，味道更加分。」

【 萃取方式 】

【1 杯份（萃取量：18ml）】
咖啡豆量：21g
熱水量：50ml
熱水溫度：96℃

步驟	訣竅	注水量
注水	邊轉動本體邊一段式注水	50ml
攪拌	用攪拌棒攪拌 10 次	
悶蒸	（1 分鐘）	
加壓	聽到漏氣聲時即停止（約 15 秒）	
完成		（萃取量）18ml

【 萃取過程 】

1 將濃縮咖啡萃取套件的濾網和壓力閥組裝在一起，然後鎖到愛樂壓的濾筒上。

2 將咖啡豆細研磨後倒入濾筒中，搖晃使咖啡粉平鋪。然後將愛樂壓本體擺在小玻璃杯上。

3 將 96℃熱水一口氣注入濾筒中。注水時輕輕轉動濾筒，讓咖啡粉確實浸漬在熱水中。用攪拌棒攪拌 10 次左右。因熱水量比咖啡粉量少，請務必攪拌均勻。

4 取壓桿作為蓋子，靜置 1 分鐘。

5 花 15 秒時間將壓桿慢慢向下壓，聽到漏氣聲時即停止。硬壓到底恐出現雜味。萃取量約 18ml。

METHOD - 2 / FINETIME COFFEE ROASTERS

Steep shot

萃取咖啡液只需要短短 30 秒！
快馬加鞭引進熱門話題的最新萃取器具

【 味道 】

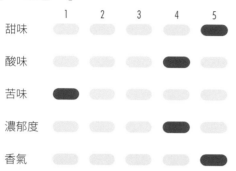

	1	2	3	4	5
甜味					●
酸味				●	
苦味	●				
濃郁度				●	
香氣					●

〔非飲品單品項〕

使用壓力咖啡杯（Steep Shot）萃取時，建議搭配淺焙咖啡豆。喝起來帶有一股茶味且充滿果香味。使用「ORIGAMI」陶瓷拿鐵咖啡杯。

【 咖啡豆 】

衣索比亞水洗豆
由沃卡村水洗廠（Worka Washing Station）生產的 G1 級高品質咖啡豆。由 Diedrich 公司的烘豆師烘焙的咖啡豆。除了帶有花香、檸檬茶、麝香葡萄和水蜜桃的風味，還有淡淡的紅糖甜味。100g800 日圓。

【 器具 】

- 壓力咖啡杯（Steep Shot）
- 手沖壺：「TAKAHIRO 細口手沖壺」（TAKAHIRO）
- 咖啡壺：「Jug400」（KALITA）
- 電子秤：「V60 手沖咖啡專用電子秤」（HARIO）

壓力咖啡杯（Steep Shot）來自挪威，一上市就成為眾人討論的話題。只需要將咖啡粉和熱水倒入瓶內，蓋上瓶蓋施加內部壓力，即可萃取咖啡成分，是一種很有效率的新型壓力式萃取器。日本代理商於 2021 年引進國內，但近藤先生早在之前就已經從當地取得。

近藤先生大聊壓力咖啡杯的魅力「比起愛樂壓，能夠在更短時間內萃取淺焙咖啡豆的果香風味，這一點真的令我感到相當驚訝。器具本身附有金屬濾網，但搭配愛樂壓專用濾紙使用，咖啡味道更顯乾淨清澈。萃取後的清潔工作十分簡單，這也是一大優點。另外，簡單、方便又迅速，非常適合於戶外活動時使用。」

器具本身是利用蒸氣壓力的原理，只要多留心將高溫熱水一口氣注入瓶中，讓咖啡粉確實浸漬在熱水中，任何人都能沖煮出一杯美味可口的淺焙咖啡。剛萃取好的咖啡液溫度很高，建議稍微放涼後再喝，味道更添果香風味。

【 萃取方式 】

☕ 【1 杯份（萃取量：約 200ml）】
　　咖啡豆量：15g
　　熱水量：200ml
　　熱水溫度：96℃

步驟	訣竅	抽湯量
注水	邊轉動本體 邊一段式注水	200ml
攪拌	打開蓋子， 輕輕晃動本體 2 ～ 3 次	
悶蒸	（10 秒）	
萃取	萃取至完成	
完成		（萃取量）約 200ml

【 萃取過程 】

1

咖啡豆研磨成細顆粒，放入本體瓶身中。

2

將 96℃的熱水一口氣注入瓶內。注水時輕輕轉動瓶子，讓咖啡粉確實浸漬在熱水裡。瓶身內附有刻度，只要以此作為依據，無須額外準備量測器。

3

旋緊瓶蓋。

4

輕輕搖晃 2、3 次並顛倒靜置。靜置 10 秒鐘左右。

5

將瓶身本體擺在咖啡壺上，旋開閥門後，咖啡液自然流入咖啡壺中。

【 清洗方式 】

1

以瓶身在上，瓶蓋在下的方式打開瓶蓋，倒掉咖啡粉渣。

2

瓶身內注入熱水，再次蓋上瓶蓋並關閉閥門，輕輕搖晃。再次旋開閥門，倒出熱水。

3

如照片所示，將瓶蓋個別拆卸後清洗。

萃取方法查詢目錄

手沖滴濾

濾紙滴濾

10 …… TRUNK COFFEE	106 … double tall into café
14 …… Okaffe kyoto	110 … Mel Coffee Roasters
18 …… Philocoffea 201	114 … 綾部珈琲店
20 …… Philocoffea 201	120 … Cafe do BRASIL TIPOGRAFIA
34 …… UNLIMITED　COFFEE　BAR TOKYO	124 … 珈琲道場　侍
36 …… UNLIMITED　COFFEE　BAR TOKYO	126 … 珈琲道場　侍
40 …… Q.O.L. COFFEE	140 … COFFEE COUNTY KURUME
64 …… 焙煎屋　森山珈琲　中津口店	146 … 辻本珈琲
78 …… GLITCH COFFEE&ROASTERS	152 … しげの珈琲工房
88 …… 絵本とコーヒーのパビリオン	158 … SANTOS COFFEE 椎名町公園前店
92 …… 私立珈琲小学校　代官山校舎	166 … 自家焙煎珈琲豆　隠房
98 …… STYLE COFFEE	168 … 自家焙煎珈琲豆　隠房
100 … STYLE COFFEE	172 … 大地の珈琲

濾布滴濾

54 …… manabu-coffee
56 …… manabu-coffee
66 …… 焙煎屋　森山珈琲　中津口店
82 …… 遇暖　豊田丸山店
116 … 綾部珈琲店
136 … FACTORY KAFE 工船
174 … 大地の珈琲

金屬濾網滴濾

46 …… THE COFFEESHOP
74 …… REC COFFEE
94 …… 私立珈琲小学校　代官山校舎

虹吸式

28 ······ SHIROUZU COFFEE　港店
30 ······ SHIROUZU COFFEE　港店
84 ······ 遇暖　豊田丸山店
130 ··· SAZA COFFEE　KITTE 丸の内店

法式濾壓壺

22 ······ Philocoffea 201
50 ······ THE COFFEESHOP

愛樂壓

42 ······ Q.O.L. COFFEE
48 ······ THE COFFEESHOP
142 ··· COFFEE COUNTY KURUME
148 ··· 辻本珈琲
178 ··· FINETIME COFFEE ROASTERS

冷萃法

156 ··· SANTOS COFFEE 椎名町公園前店

SteepShot

180 ··· FINETIME COFFEE ROASTERS

燒杯＋濾網

162 ··· KOTO COFFEE ROASTERS

義式濃縮咖啡機

24 ······ Philocoffea 201
60 ······ GINZA BAR DELSOLE 2Due
70 ······ REC COFFEE

72 ······ REC COFFEE
104 ··· double tall into café
132 ··· SAZA COFFEE　KITTE 丸の内店

TITLE

狂熱咖啡師 咖啡萃取概念與技術

STAFF		**ORIGINAL JAPANESE EDITION STAFF**	
出版	瑞昇文化事業股份有限公司	取材	稻葉友子　西 倫世　渡部和泉　中西沙織
編著	旭屋出版書籍編集部		諫山 力　山本あゆみ　矢代真紀
譯者	龔亭芬	撮影	後藤弘行（旭屋出版）　松井ヒロシ
			太田昌宏　合田慎二　戸高慶一郎
創辦人 / 董事長	駱東墻	編集	森 正吾　齋藤明子
CEO / 行銷	陳冠偉	デザイン	クレヨンズ
總編輯	郭湘齡		
文字編輯	張聿雯　徐承義		
美術編輯	謝彥如		
校對編輯	于忠勤		
國際版權	駱念德　張聿雯		

排版	曾兆珩
製版	印研科技有限公司
印刷	桂林彩色印刷股份有限公司

法律顧問	立勤國際法律事務所　黃沛聲律師
戶名	瑞昇文化事業股份有限公司
劃撥帳號	19598343
地址	新北市中和區景平路464巷2弄1-4號
電話	(02)2945-3191
傳真	(02)2945-3190
網址	www.rising-books.com.tw
Mail	deepblue@rising-books.com.tw

初版日期	2023年10月
定價	480元

國家圖書館出版品預行編目資料

狂熱咖啡師 咖啡萃取概念與技術 = Coffee
extraction method/旭屋出版書籍編集部編著；
羅淑慧譯. -- 初版. -- 新北市：瑞昇文化事業股
份有限公司, 2023.10
184面；19 x 25.7公分
ISBN 978-986-401-680-8(平裝)
1.CST: 咖啡

427.42　　　　　　　　　　112015525

Coffee Tyuusyutu Ninkitenno Saishin Method
© ASAHIYA SHUPPAN 2021
Originally published in Japan in 2021 by ASAHIYA SHUPPAN CO.,LTD..
Chinese translation rights arranged through DAIKOUSHA INC.,KAWAGOE.